国家职业标准（6-29-01-06）培训教材

U0645597

装配式建筑
施工员

（五级／初级工）

北京国职学培教育科技院　编著

清华大学出版社
北　京

内 容 简 介

根据中华人民共和国人力资源和社会保障部与住房城乡建设部联合颁布的《装配式建筑施工员国家职业标准(2023年版)》(职业编码：6-29-01-06)(以下简称《标准》)，结合相关规范和工程实践案例，按照职业教育和技能培训要求，针对《标准》分级编写五本培训教材，分别对应《标准》五个等级的分级内容和技能要求。

本书是根据《标准》分级编写的五级/初级工培训教材，共分6章，包括职业认知、基础知识、构件装配、节点连接、部品安装和技能鉴定等内容。

本书可作为从事装配式建筑施工的土建类工程技术人员技能培训、继续教育参考用书，也可作为高职高专和中职技校的建筑工程技术类、建设工程管理类，以及相关专业的教学或参考用书。

图书在版编目（CIP）数据

装配式建筑施工员 : 五级/初级工 / 北京国职学培教育科技院编著. -- 北京 : 清华大学出版社，2025. 5. -- (国家职业标准(6-29-01-06)培训教材). -- ISBN 978-7-302-69151-8

Ⅰ . TU3

中国国家版本馆 CIP 数据核字第 2025182WQ6 号

责任编辑：秦　娜
封面设计：陈国熙
责任校对：赵丽敏
责任印制：宋　林

出版发行：清华大学出版社
　　　　网　　址：https://www.tup.com.cn，https://www.wqxuetang.com
　　　　地　　址：北京清华大学学研大厦 A 座　　　邮　　编：100084
　　　　社 总 机：010-83470000　　　　　　　邮　　购：010-62786544
　　　　投稿与读者服务：010-62776969，c-service@tup.tsinghua.edu.cn
　　　　质量反馈：010-62772015，zhiliang@tup.tsinghua.edu.cn
印 装 者：三河市科茂嘉荣印务有限公司
经　　销：全国新华书店
开　　本：185mm×260mm　　印　　张：11.5　　　　字　　数：277 千字
版　　次：2025 年 7 月第 1 版　　　　　　　　　印　　次：2025 年 7 月第 1 次印刷
定　　价：49.80 元

产品编号：104141-01

编 委 会

宋黎明　杭州江东建设工程项目管理有限公司
禹知平　垒知控股集团股份有限公司
戴鲁新　江苏广宇建设集团有限公司
季海存　南通建工集团股份有限公司
沈培文　重庆第二师范学院
王　成　四川汇锦建筑工程设计有限公司
王光敏　北京忠维国际信息技术有限公司

编委会成员

丁浙鸣	蔡从贞	杨海军	韩凤梅	王晖恒	刘汉虎
李鹏飞	李上储	张思涛	吴其涛	华　伟	陈孙山
丁鸿生	赵启嘉	许立强	陈宏舟	王　伟	刘东乾
宋长步	陈孙安	李晓飞	程　锐	包颖佳	杨继红
任治军	付命德	陈永华	王　勇	王　成	明　智
黎家骥	刘　路	杜　鹏	孔德勋	汪海富	蒲文新
王北星	袁善红	万智超	王建芳	李江涛	殷　敏
何永福	高长洋	朱　强	连　营		

前　言

近年来,国家高度重视装配式建筑的发展,出台了一系列政策文件和规范标准,鼓励和支持装配式建筑的技术研发与工程应用。随着建筑科技的飞速发展与城市更新的加速推进,装配式建筑作为现代建筑工业化的重要标志,正以其高效、节能、环保等优势,引领着建筑行业的新一轮变革。

与传统建筑施工模式相比,装配式建筑在设计、生产、运输、安装等环节均有着显著不同和专项要求,对从业人员的专业素养和专项技术提出了更高要求。因此,编写一本专业、系统、全面、实用的装配式建筑施工员培训教材,就显得尤为重要和迫切。

本书是国家人力资源和社会保障部与住房和城乡建设部联合颁布的《装配式建筑施工员国家职业标准》(职业编码：6-29-01-06)(以下简称《标准》)的配套教材之一。《标准》配套教材共五本,分别对应《标准》的五个技能等级,对标准条目和技能要求逐项讲解,使学员能够"分级学习、梯级进阶、系统掌握"《标准》要求的职业素养、基础知识和专项技能,具备承担装配式建筑专项施工、团队协作和现场管理的能力,为装配式建筑行业培养高素质的技术人才,推动行业技术进步,促进建筑业转型升级。

本书依据《标准》内容顺序和分级要求编写。首先,从职业认识开始,让装配式建筑施工员对装配式建筑的基本概念、装配式建筑施工员的职业定义、职业前景和职业道德有了初步认识;其次,对装配式建筑施工员(五级)应掌握的基础知识和专业技能进行逐条分解和详细讲述;最后,对技能鉴定方式和内容进行解读。建议学员采取理论与实践相结合的学习方法,将所学知识应用于实际工作中,不断积累经验,提升技能水平。

本书在编写过程中参考了有关资料和工程案例,并得到了许多专家和工程技术人员的大力支持,在此一并表示衷心的感谢。

由于水平有限,虽经反复推敲核实,也难免有疏漏和不妥之处,恳请专家、读者批评指正,以便后续做进一步的修改和完善。

编　者

2024 年 10 月

目录

第 1 章

职 业 认 知

1.1 装配式建筑

1.1.1 装配式建筑的定义

装配式建筑是由预制部品部件在工地装配而成的建筑,是把传统建造方式中的大量现场湿作业转移到工厂进行预制,将工厂加工、制作好的构件和配件运输到施工现场,通过可靠的连接方式在现场装配施工而成的建筑。装配式建筑主要包括装配式混凝土结构、钢结构、木结构等。标准化设计、工厂化生产、装配化施工、信息化管理、智能化应用,是装配式建筑建造的发展目标。

"流水线"上"做"配件,"搭积木"式"造"房子,是装配式建筑的特征。传统施工方式是将钢筋、水泥、砂子、石子等建筑材料运至施工现场进行拌和、搅拌和浇筑;装配式建筑类似于"搭积木"的过程,把梁、板、柱、阳台、楼梯等部件部品,在工厂里预制,运到工地后进行可靠连接即可。这种建造方式有利于降低损耗、缩短工期、提升建设效率。

1.1.2 装配式建筑发展前景

中国装配式建筑发展起源于 20 世纪 50 年代,20 世纪七八十年代迎来第一次发展,然而,在 20 世纪 90 年代前后进入低潮期,直至 20 世纪末期,才开始新一轮的发展。中国装配式建筑行业已经发展了 70 年左右,从手工作业到机械化生产、从借鉴到自我创新,有过高潮也经历过低谷。近年来,在环保压力不断加大、城镇化及房地产产业发展的推动下,装配式建筑进入高速发展及创新期,尤其是 2016 年以来,国家及地方多次出台指导性、惠普性及鼓励性政策,促进装配式建筑产业的发展。

近年来,随着经济的快速发展、劳动力成本的上升、预制构件加工精度与质量的提升、装配式建筑施工技术和管理水平的提高,以及国家政策因素的推动,使国内预制装配式建筑重新升温,并呈现快速发展的态势。根据《"十四五"建筑业发展规划》,到 2025 年,我国装配式建筑占新建建筑面积的比例将达到 30%。

1.2　装配式建筑施工员

1.2.1　装配式建筑施工员的定义

在装配式建筑施工过程中从事构件安装、进度控制和项目现场协调的人员称为装配式建筑施工员。

装配式建筑施工员的主要工作任务如下。

(1) 编制装配式建筑预制构件现场安装方案。

(2) 负责预制构件现场堆放。

(3) 负责现场构件定位放线、标高测定、吊装、安装、调平、校正。

(4) 负责构件的临时支撑。

(5) 负责外墙、内墙构件的砂浆密封和套筒灌浆连接。

(6) 负责构件吊装后的吊点切割和抹平。

(7) 负责构件表面预埋件凹槽部位的处理。

(8) 负责施工现场进度的控制和有关单位的沟通协调。

1.2.2　装配式建筑施工员职业前景

随着装配式建筑技术的进步和大力推进,装配式建筑施工员面临前所未有的就业机遇和职业前景,如图 1-1 所示。

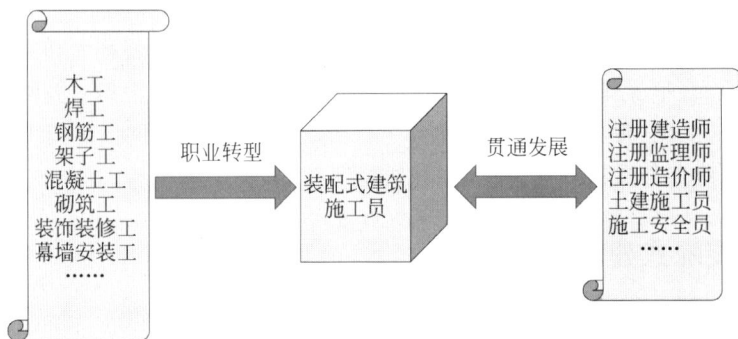

图 1-1　装配式建筑施工员职业发展贯通图

1. 新风口:国家大力发展装配式建筑,政策机遇好

从政策红利看:《国务院办公厅关于促进建筑业持续健康发展的意见》中明确,用 10 年左右的时间,装配式建筑占新建建筑面积的比例达到 30%。在国家加快推进装配式建筑发展的大背景下,各省市相继制定相关政策支持装配式建筑科技创新和项目落地。归纳起来主要有:用地支持、审批条件、财政补贴、专项资金、税费优惠、容积率、评奖评优、信贷支持、消费引导、行业扶持等类别。目前,全国 31 个省份均发布了相关的支持和激励政策,开发商、建设者和购买人都不同程度地享受了政策红利,装配式建筑正在不断创新发展中。

从产业发展看:随着国家《关于推动城乡建设绿色发展的意见》《2030 年前碳达峰行动

方案》和《"十四五"时期"无废城市"建设工作方案》政策文件的出台,各地也纷纷出台相关文件和政策,并将装配式建筑列为建筑领域产业转型升级的发展方向,其产业链将会横向继续拓展、纵向不断延伸,装配式建筑在社会可持续发展中将会发挥更大作用。

2. 新职业:专业施工人员比较紧缺,就业前景好

近年来,我国新建建筑面积不断增长,随着各地装配式建筑占比的提高,前瞻产业研究院预计,到2025年,全国新增建筑面积超过35亿 m^2 ,预计新开工装配式建筑面积在10.54亿 m^2 左右,全国装配式建筑施工人员的需求数量将会逐年增多,经过专业培训获得相应资格的人员缺口巨大,市场需求大、就业前景好、工资待遇高。

3. 新途径:职业发展规划选择自由,晋升通道多

该职业发展路径主要有四条:技术路线,即不断学习专业知识和提升技能水平,从施工员转岗到项目技术总工,再晋升到公司技术总工,工程实践不断创新、技术职称不断晋升,成为装配式建筑施工专家;管理路线,即经过工程实践锻炼,逐步提升项目协调管理能力,从普通员工晋升到岗位主管/项目经理,逐步晋升到单位中层/高层领导;复合人才路线,即通过学习相关知识和专业技能,拓展职业领域,转型为注册建造师、注册监理师、注册造价师、土建施工员、施工安全员等,实现横向贯通和复合发展;创业路线,即基于个人业务能力、专业基础和兴趣爱好选择合适机会进行创新创业,更好地实现自我价值。

1.3 装配式建筑施工员的职业道德

1.3.1 装配式建筑施工员职业道德的概念

装配式建筑施工员的职业道德是指在装配式建筑施工过程中,施工人员应当遵循的道德规范和职业行为准则。这些规范通常涉及对建筑质量的责任、对安全生产的重视、对环境保护的意识、对职业诚信的坚守等方面。职业道德不仅体现了施工人员的个人品德和职业素养,也是确保装配式建筑施工质量、工作效率、行业发展的重要因素。

装配式建筑施工员的职业道德要求包括但不限于:传承匠心精神,严格按照相关标准进行操作,确保构件质量可靠;重视安全生产,遵守安全操作规程,使用个人防护装备,减少事故风险;遵守职业道德,诚实守信,不谋取私利;具有节约资源、保护环境的意识。

职业道德的培养和践行有助于构建和谐的工作环境,提升行业整体形象,同时也是施工人员个人职业成长和企业可持续发展的基石。在实际工作中,施工员应将职业道德内化于心、外化于行,通过不断学习和实践,提高自身的职业技能和服务水平,为装配式建筑行业的高质量发展贡献力量。

1.3.2 装配式建筑施工员职业道德的表现

装配式建筑施工员作为建筑行业的专业技术人员,要树立"质量至上、安全第一"的理念,其职业道德直接关系到建筑工程的质量、安全以及企业的声誉。

(1)匠心精神。掌握施工质量控制要点,确保装配式建筑的安全性和耐用性,展现出精益求精的工作态度。此外,工匠精神还体现在施工员对工作的热爱和执着上,应以爱岗敬业的精神对待每一项任务和每一个细节,追求最佳的施工效果,推动装配式建筑技术的发展。

(2)专业技能。装配式建筑施工员应具备相应的专业技能和知识,包括但不限于预制构件的识别、选择、安装、固定、连接和密封等技术。他们还需要理解装配式建筑的设计原理和施工流程,以确保施工质量和安全。

(3)安全生产。施工员必须严格遵守安全操作规程,正确使用个人防护装备,并确保施工现场的安全。他们应对临时支撑结构的稳固性负责,并采取有效措施预防或减少粉尘、废气、废水、固体废物、噪声、振动和施工照明等对人和环境的危害和污染。

(4)质量控制。施工员应负责对施工过程中的质量进行控制和检查,确保构件尺寸、连接强度以及表面质量符合设计要求。

(5)环境保护。施工员应具有节约资源和保护环境的意识,努力减少施工活动对环境的负面影响。

(6)团队协作。施工员需要与项目团队其他成员有效沟通和协调,确保施工进度和质量,同时与相关单位进行沟通协调,以解决施工过程中的问题。

(7)学习进步。随着建筑技术的不断进步,施工员需要不断学习新知识、新技能,以适应装配式建筑施工的高标准和高效率要求。

1.3.3 装配式建筑施工员职业守则

(1)遵规守法,爱岗敬业。

(2)执行标准,安全操作。

(3)工作严谨,团结协作。

(4)着装规范,文明施工。

(5)守正创新,绿色低碳。

1.4 课后思考题

一、单选题

1. 装配式建筑施工员在施工过程中负责的工作不包括( )。

　　A. 编制装配式建筑预制构件现场安装方案

　　B. 负责预制构件现场堆放

　　C. 负责现场构件定位放线、标高测定、吊装、安装、调平、校正

　　D. 负责施工现场进度的控制和有关单位的沟通协调

答案: D(施工现场进度的控制和有关单位的沟通协调通常是项目经理或施工队长的职责。)

2. 装配式建筑的主要特征是( )。

　　A. 在现场进行大量湿作业

　　B. 使用传统的砖混结构

　　C. 将建筑部件在工厂预制,现场组装

　　D. 不使用任何金属材料

　　E．只适用于低层建筑

　　答案：C

　　3．基于《"十四五"建筑业发展规划》,中国政府计划到 2025 年,装配式建筑占新建建筑面积的比例达到(　　)以上,这一目标的提出,旨在推动建筑业的现代化和可持续发展,提高建筑效率,减少建筑垃圾排放,并促进绿色建造技术的应用。

　　　A．20％　　　　　　B．30％　　　　　　C．40％　　　　　　D．50％

　　答案：B(根据相关文件,中国政府计划到 2025 年,装配式建筑占新建建筑面积的比例达到 30％以上。)

　　4．下列不是装配式建筑施工员职业前景特点的是(　　)。

　　　A．国家政策的大力推动

　　　B．新增建筑面积需求的增加

　　　C．专业施工人员的严重短缺

　　　D．施工员收入低于行业平均水平

　　　E．多样化的职业发展路径

　　答案：D

　　5．装配式建筑施工员的职业道德要求不包括(　　)。

　　　A．传承匠心精神,确保构件质量

　　　B．重视安全生产,遵守操作规程

　　　C．遵守职业道德,诚实守信

　　　D．忽视环境保护,追求经济效益

　　　E．具有节约资源、保护环境的意识

　　答案：D

二、填空题

　　1．装配式建筑的建造目标包括标准化设计、_____、装配化施工、信息化管理和智能化应用。

　　答案：工厂化生产

　　2．装配式建筑施工员的主要工作任务之一是负责预制构件的现场_____。

　　答案：堆放

　　3．装配式建筑施工员负责构件吊装后的吊点_____和抹平。

　　答案：切割

　　4．装配式建筑施工员职业守则包括遵规守法、爱岗敬业；执行标准,安全操作；工作严谨,团结创新；着装规范,文明施工以及_____。

　　答案：守正创新,绿色低碳

　　5．装配式建筑施工员的职业道德要求包括执行标准、安全操作、_____、文明施工。

　　答案：工作严谨

第2章

基 础 知 识

2.1 装配式建筑施工基本知识

2.1.1 建筑识图基本知识

建筑识图是指对施工图纸的内容进行认识和信息获取的过程。施工图纸是依据制图标准,由专业人员绘制的表达项目规划布局、建筑物外部形状、内部布置、结构构造、内外装修、材料作法、设备、施工等要求的图样,是工程界的技术语言,是表达工程设计、指导施工和技术管理的重要依据,是具有法律效力的正式文件。

制图标准是确保图纸准确性和规范性的重要依据,现行颁布的制图标准有:《房屋建筑制图统一标准》(GB/T 50001—2017)、《总图制图标准》(GB/T 50103—2010)、《建筑制图标准》(GB/T 50104—2010)。制图标准是一个复杂而严谨的系统,旨在确保图纸的准确性和统一性。

1. 图纸幅面

(1)《房屋建筑制图统一标准》(GB/T 50001—2017)规定了图纸的幅面。图纸幅面是由图纸宽度与长度所构成的图面范围。图纸幅面及图框尺寸应符合表 2-1 的规定。

表 2-1 幅面及图框尺寸   mm

尺寸代号 幅画代号	A0	A1	A2	A3	A4
$b \times l$	841×1189	594×841	420×594	297×420	210×297
c		10		5	
a		25			

(2)图纸中应有标题栏、图框线、幅面线、装订边线和对中标志。图纸的标题栏及装订边线的位置应符合下列规定。

① 标题栏:图纸中必须包含标题栏,它用于标识图纸的名称、设计信息、设计者、审核者等相关信息。标题栏的位置应根据图纸的使用方式(横式或立式)进行布置,以确保信息的易读性和规范性。对于涉外工程,标题栏内的主要内容应附有译文,以适应不同的语言环境。

② 图框线、幅面线：这些线条用于界定图纸的边界，确保图纸内容的整齐和统一。图纸的幅面尺寸有多种选择，包括 A0、A1、A2、A3 等，具体选择应根据工程设计的需要来确定。在 CAD 绘图中，对图纸有加长加宽的要求时，应按基本幅面的短边成整数倍增加，不可无限制增加。

③ 装订边线：用于标识图纸的装订位置，便于图纸的装订和保存。

④ 对中标志：用于确保图纸内容的居中对齐，提高图纸的美观性和易读性。

（3）横式使用的图纸，应按如图 2-1、图 2-2 所示的形式进行布置。

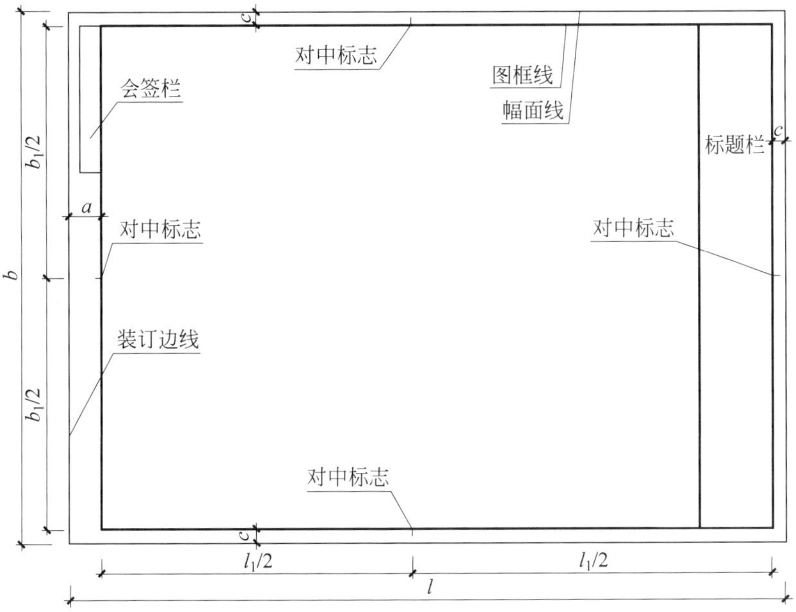

图 2-1 A0～A3 横式幅面（一）

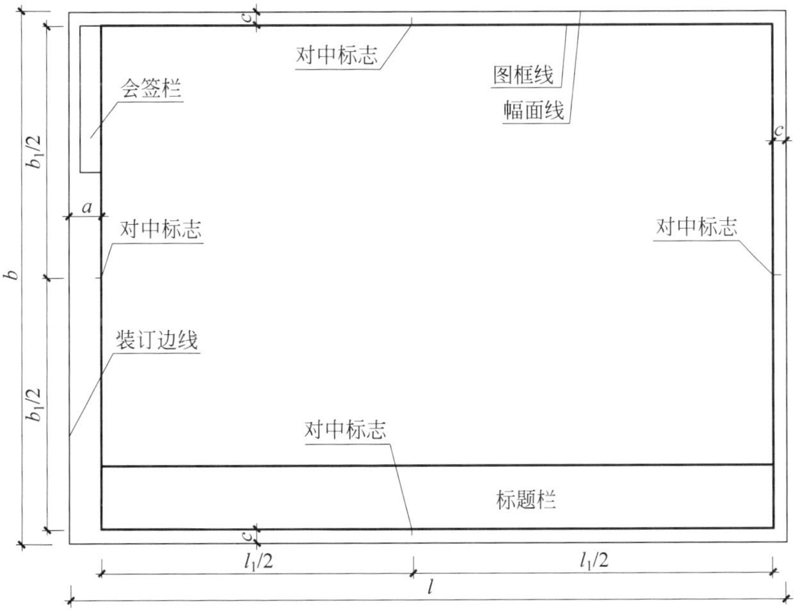

图 2-2 A0～A3 横式幅面（二）

2. 建筑施工图识读

1) 建筑施工图的图纸构成

一套完整的施工图通常包括图纸目录、设计说明、总平面图、建筑平面图、建筑立面图、建筑剖面图、建筑详图以及大样图等。

这些图纸共同构成了建筑物的完整表达,在识图过程中,应遵循先粗后细、先大后小、先外后里、先概貌后细部的原则,并结合图纸的索引符号详细阅读大样图或节点图。

2) 总平面图

将新建建筑物四周一定范围内的新建、拟建、原有和拆除的建筑物连同其周围的道路、绿化、地形、地貌等用水平投影方法和相应的图例所画出的工程图样,即为总平面图,如图 2-3 所示。

3) 建筑平面图

建筑平面图是将新建建筑物或构筑物的墙、门窗、楼梯、地面及内部功能布局等建筑情况,以水平投影方法和相应的图例所画出的工程图样,展示建筑物的各层平面布局和空间分配,包括房间、通道、门窗等的具体位置。它可以帮助我们了解建筑物的平面形状、内部布置以及功能布局。

假想用一水平剖切面,通常离本层楼、地面约 1.2m 做水平剖切,然后移去剖切平面以上的部分,将留下的部分做水平正投影所得的图样,即为建筑平面图,如图 2-4 所示。

4) 建筑立面图

用直接正投影法将建筑物各侧面投射到基本投影面所得到的图样叫作建筑立面图,展示了建筑物的外观和立面特征。建筑立面图可以用来反映房屋的高度、层数,屋顶的形式,墙面的做法,门窗的形式、大小和位置,以及窗台、阳台、雨棚、檐口、勒脚、台阶等构造和构/配件各部位的标高,如图 2-5 所示。

5) 建筑剖面图

建筑剖面图,是指假想用一个垂直于外墙轴线的铅垂剖切面,将房屋剖开所得的投影图,简称剖面图,展示了建筑物内部的结构和层次关系。剖面图用以表示房屋内部的结构或构造形式、分层情况和各部位的联系、材料及其高度等,是与平面图、立面图相互配合的不可缺少的重要图样之一,充分表现建筑物的内部构造和空间变化,如图 2-6 所示。

6) 建筑详图

建筑详图是建筑细部的放大图样,是建筑平面图、立面图、剖面图的必要补充。建筑物上许多细部构造无法表示清楚的时候,必须另外绘制比例尺较大的图样,以便更清楚地表达其构造和做法。

建筑详图,实际上是平面图、立面图、剖面图中的一种延伸,所不同的是详图用大比例绘制建筑的局部,以装配式楼梯详图为例,详图如图 2-7、图 2 8 所示。

7) 建筑大样图

大样图在建筑施工图中,它常被用于表示梁、柱、屋架、基础等构件的详细构造,主要用于对局部构件进行放样。

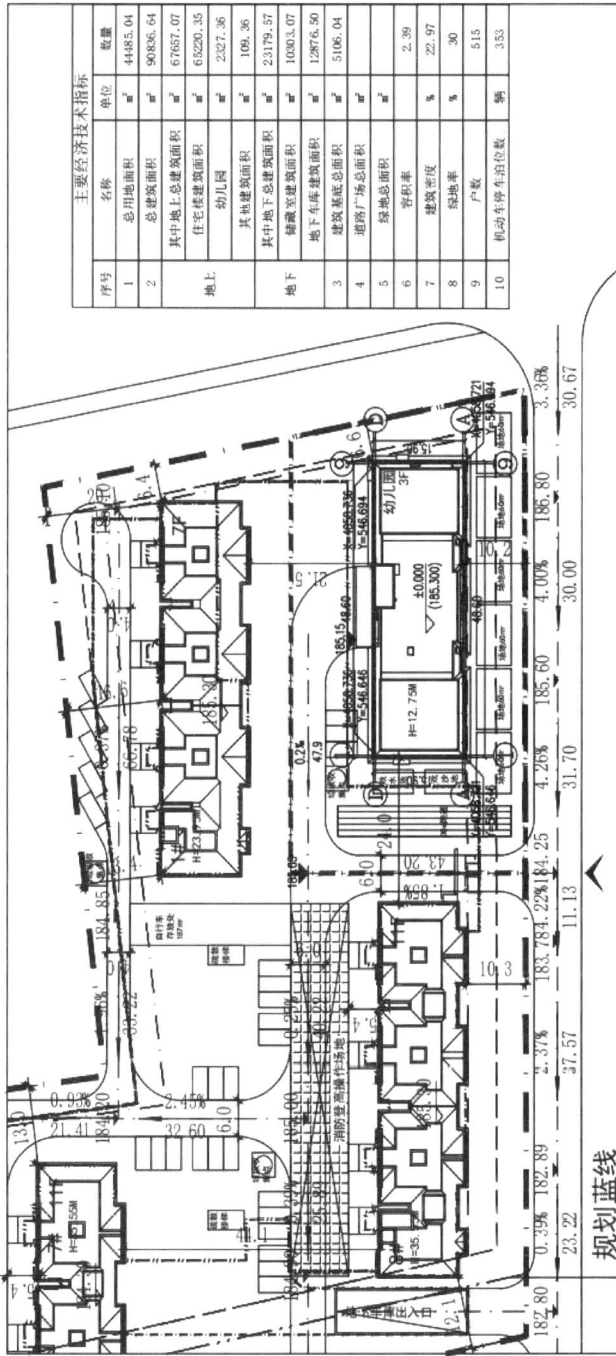

图 2-3 总平面图布置示意

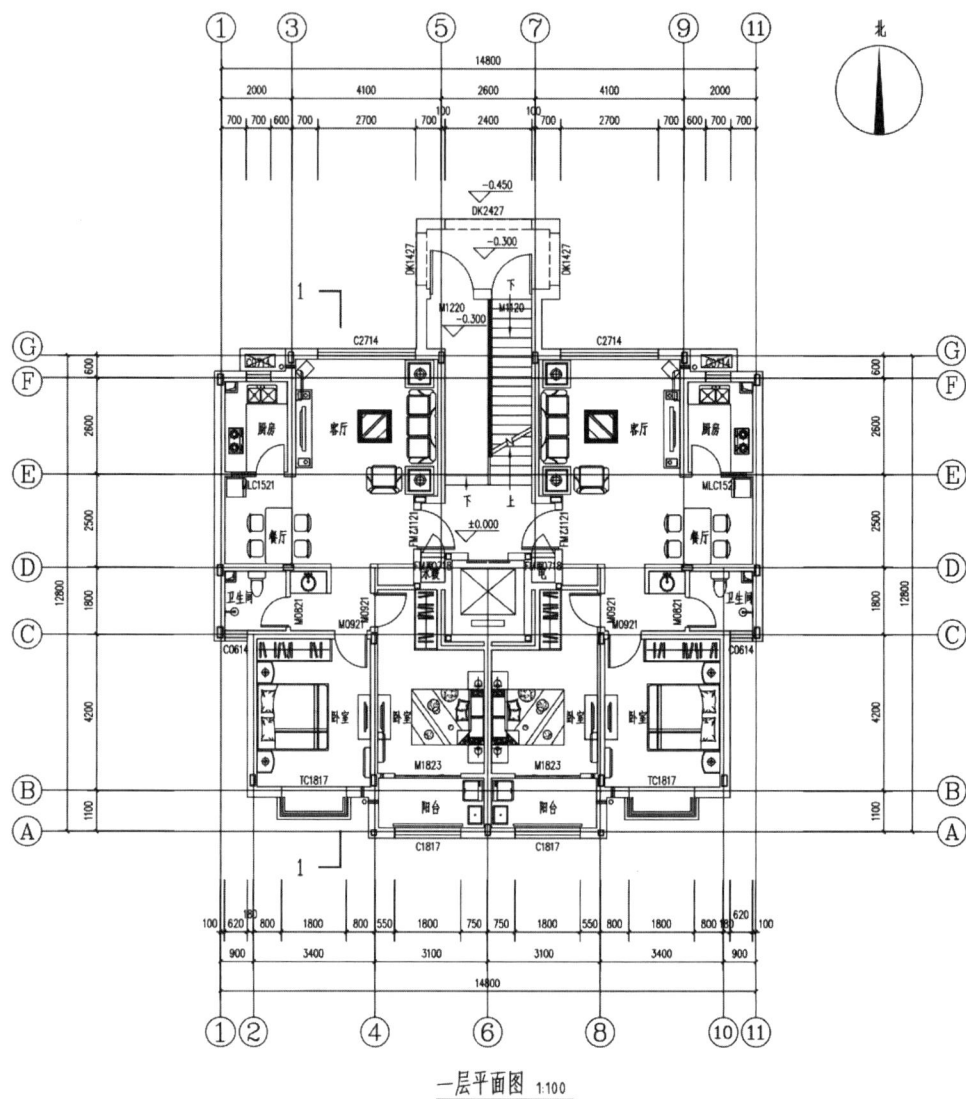

一层平面图 1:100

图 2-4　建筑平面图示意

11—1轴立面图 1:100

图 2-5　建筑东立面图示意

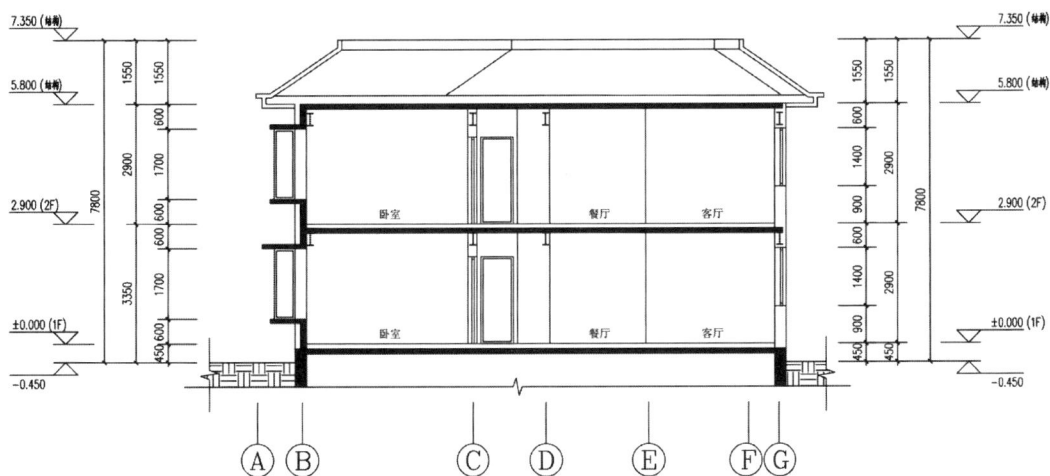

图 2-6 建筑剖面图示意

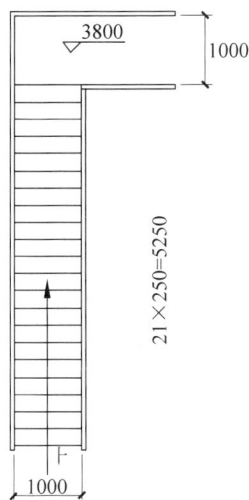

图 2-7 某装配式楼梯平面图

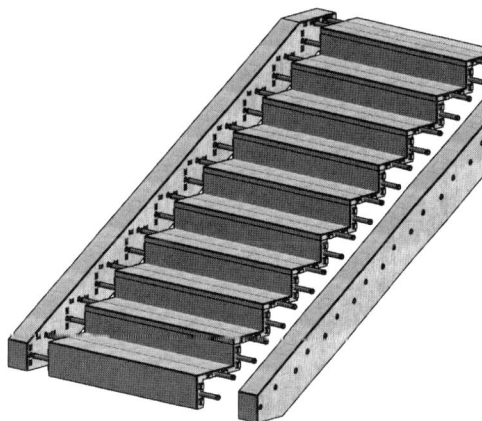

图 2-8 某装配式楼梯拆解示意图

以螺栓节点大样图为例,如图 2-9 所示。螺栓连接是连接预制钢构件的主要形式,它们的设计和施工对于确保结构的整体性和安全性至关重要。例如,高强螺纹螺栓装配式连接节点,采用螺栓连接的模块化预制装配式梁柱组合节点,以及装配式钢管加劲混凝土叠合柱栓焊和全螺栓连接、单边螺栓端板连接节点设计。

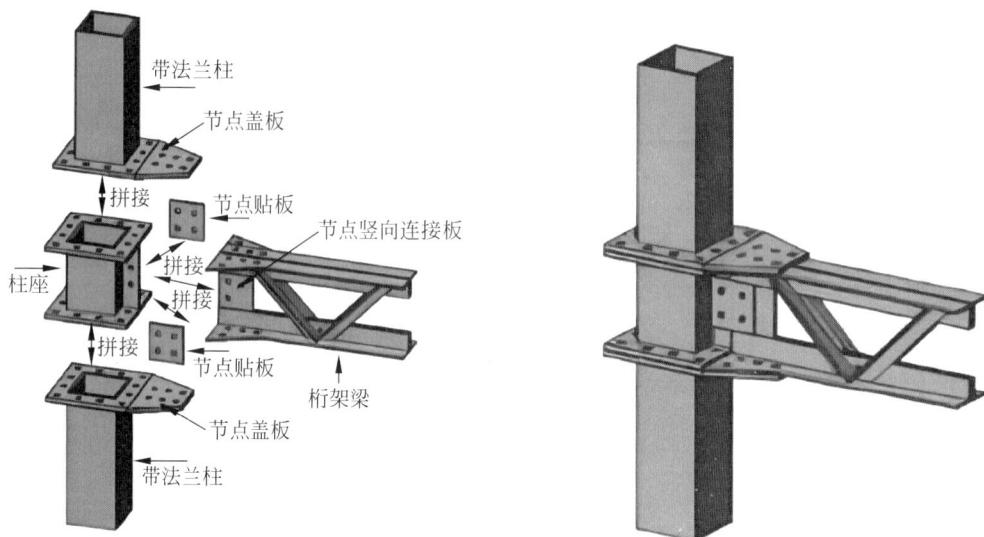

图 2-9   螺栓节点大样图示意

2.1.2   工程测量基本知识

1. 施工测量的基本内容

工程测量基本知识包括测量的基本原理、方法和仪器设备的使用。在建筑工程中，测量是确保建筑物尺寸和位置准确的关键步骤。常用的测量方法包括直接测量、间接测量、角度测量、高程测量等，常用的测量仪器包括测量尺、水准仪、经纬仪、全站仪等。工程测量需要注意测量误差的控制和数据处理的准确性。

施工测量的基本任务是正确地将各种建筑物的位置(平面及高程)在实地标定出来，而距离、角度和高程是构成位置的基本要素。因此，在施工测量中，距离、角度和高程测设是基本工作。

根据设计图样给定的条件和有关数据，在建筑场地上为施工做出实地标志而进行的测量工作，称为测设(也叫放样)。测设主要是定出建(构)筑物特征点的平面和高程位置，而点的平面位置测设是在测设已知水平距离、已知水平角和已知高程三项基本工作的基础上完成的。

2. 施工测量的常用仪器

1) 水准仪

水准仪是一种用水平视线测定地面两点间高差的仪器。

根据水准测量原理，水准仪的主要作用是提供一条水平视线，并能够精准瞄准水准尺进行读数。水准仪主要由望远镜、水准器和基座三部分构成。如图 2-10 所示为我国生产的 DS_3 型微倾式水准仪。

(1) 望远镜。望远镜是用来精确瞄准远处目标和提供水平视线进行读数的设备。主要由物镜、目镜、调焦透镜及十字丝分划板等组成，如图 2-11 所示。从目镜中看到的是经过放大后的十字丝分划板上的像。

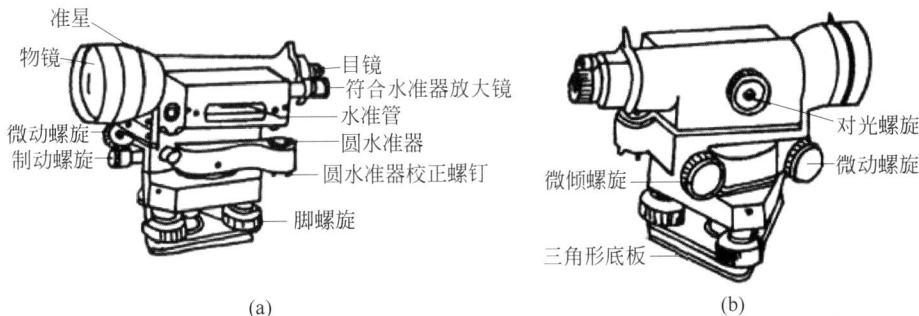

图 2-10 DS₃ 型微倾式水准仪

(a) 水准器视角；(b) 螺旋钮视角

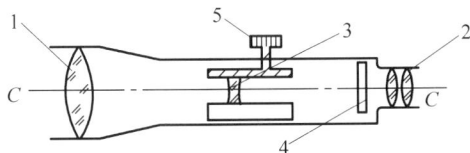

图 2-11 水准仪望远镜

1—物镜；2—目镜；3—调焦透镜；4—十字丝分划板；5—物镜调焦螺旋。

物镜和目镜多采用复合透镜组。转动物镜调焦螺旋,可使不同距离的目标成像清晰地落在十字丝分划板上,称为调焦或物镜对光。转动目镜螺旋,可使十字丝影像清晰,称为目镜对光。

十字丝分划板是一块刻有分划线的透明的薄平玻璃片,用来准确瞄准目标。中间一根长横丝称为中丝,与之垂直的一根丝称为竖丝,在中丝上下对称的两根与中丝平行的短横丝称为上、下丝(又称视距丝),如图 2-12 所示。

在水准测量时,用中丝在水准尺上进行前、后视读数,用以计算高差;用上、下丝在水准尺上读数,用以计算水准仪至水准尺的距离(视距)。

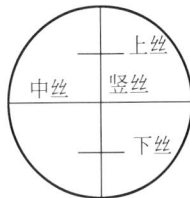

图 2-12 十字丝分划板

物镜光心与十字丝交点的连线构成望远镜的视准轴,水准测量时在视准轴水平时,用十字丝的中丝截取水准尺上的读数。

(2) 水准器。水准器是用来整平仪器、指示视准轴是否水平,供操作人员判断水准仪是否置平的重要部件。水准器分为圆水准器、管水准器和符合水准器。

圆水准器。如图 2-13 所示,圆水准器是一个封闭的玻璃圆盒,盒内部盛满乙醚溶液,密封后留有气泡。连接零点与球面球心的直线称为圆水准器轴。当气泡居中时,圆水准器的水准轴即成铅垂位置。气泡中心偏离零点 2mm,轴线所倾斜的角度值称为圆水准器的分划值。DS₃ 型水准仪圆水准器分划值一般为 8′~10′,圆水准器用于仪器的粗略整平。

管水准器。管水准器又称水准管,它是一个管状玻璃管,其纵剖面方向内表面为圆弧,如图 2-14 所示。过零点与圆弧相切的切线称为水准管轴。当气泡中点处于零点位置时,称气泡居中,这时水准管轴处于水平位置。DS₃ 型水准仪水准管的分划值为 20″,记作 20″/2mm。水准管的精度较高,用于仪器的精确整平。

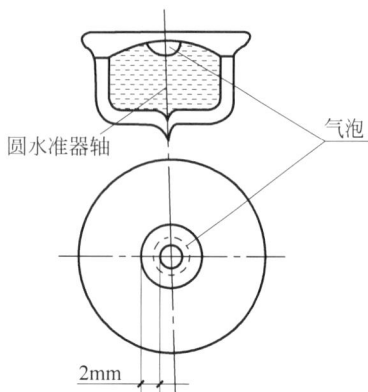

图 2-13　圆水准器

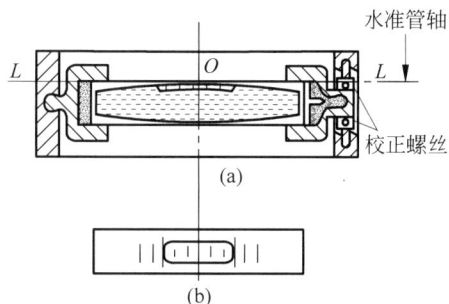

图 2-14　管水准器

符合水准器。为了提高水准管气泡居中的精度,DS₃型水准仪水准管的上方装有符合棱镜系统,如图 2-15 所示。将气泡两端影像同时反映到望远镜旁的观测窗内,通过观测窗观察,当两端半边气泡的影像符合时表明气泡居中。

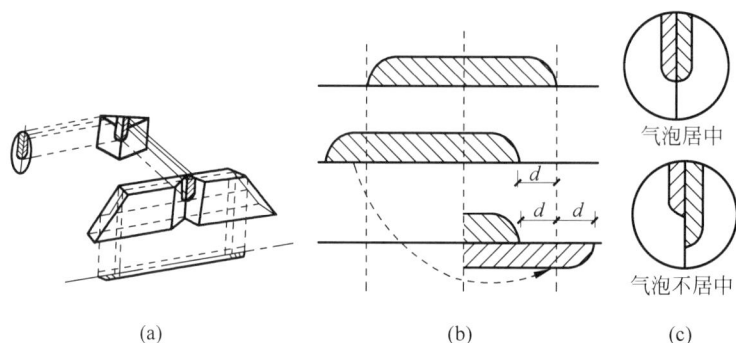

图 2-15　符合水准器

(3) 基座。基座的作用是支承仪器的上部并通过连接螺旋使仪器与三脚架相连。基座位于仪器下部,主要由轴座、脚螺旋、底板、三角形压板构成。脚螺旋用于调节圆水准气泡的居中。底板通过连接螺旋与三脚架连接,如图 2-16 所示。

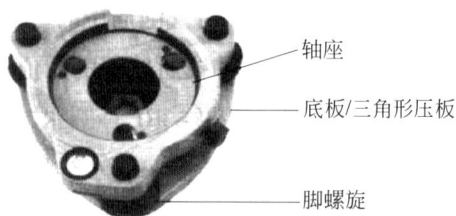

图 2-16　水准仪基座

除了上述部件外,水准仪还装有制动螺旋、微动螺旋和微倾螺旋。制动螺旋用于固定仪器;当仪器固定不动时,转动微动螺旋可使望远镜在水平方向作微小转动,用以精确瞄准目标;微倾螺旋可使望远镜在竖直面内微动,圆水准气泡居中后,转动微倾螺旋使管水准器气泡影像符合,这时即可利用水平视线读数。

2）水准尺和尺垫

（1）水准尺。水准尺是水准测量时使用的标尺。常用的水准尺有塔尺和双面尺两种，如图 2-17、图 2-18 所示。

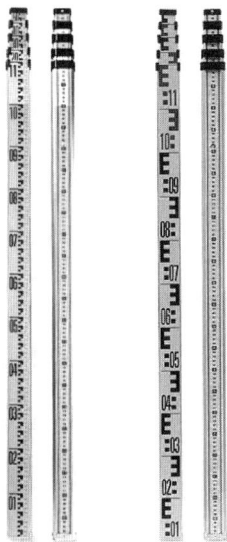

图 2-17 塔尺

图 2-18 双面尺

双面尺多用于三、四等水准测量，其长度为 3m，两根尺为一对。塔尺仅用于等外水准测量。一般由两节或三节套接而成，其长度有 3m 和 5m 两种。塔尺可以伸缩，尺的底部为零点。尺上黑白格相间，每格宽度为 1cm，有的为 0.5cm，每格小格宽 1mm，米和分米处皆注有数字。

（2）尺垫。尺垫是在转点处放置水准尺用的，其作用是防止点位移动和水准尺下沉。如图 2-19 所示，尺垫用生铁铸成，一般为三角形，中间有一突起的半球体，下方有三个支脚。使用时将支脚牢固地踏入土中，以防下沉。上方突起的半球形顶点作为竖立水准尺和标志转点之用。

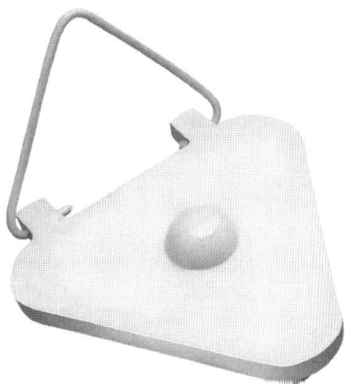

图 2-19 尺垫

3）经纬仪

经纬仪是一种根据测角原理设计的测量水平角和竖直角的测量仪器，分为光学经纬仪和电子经纬仪两种，最常用的是电子经纬仪，如图 2-20 所示。

4）其他小型辅助工具

装配式混凝土叠合板制作的实操过程需要用到的测量工具主要有钢卷尺、游标卡尺、角尺、楔形塞尺、钢直尺（图 2-21）等。

常用的游标卡尺分为电子式和机械式（图 2-21（b））两种。测量时，可根据被测物体的形状特征，选择使用外侧量爪测量（图 2-22）或内侧量爪测量（图 2-23）。

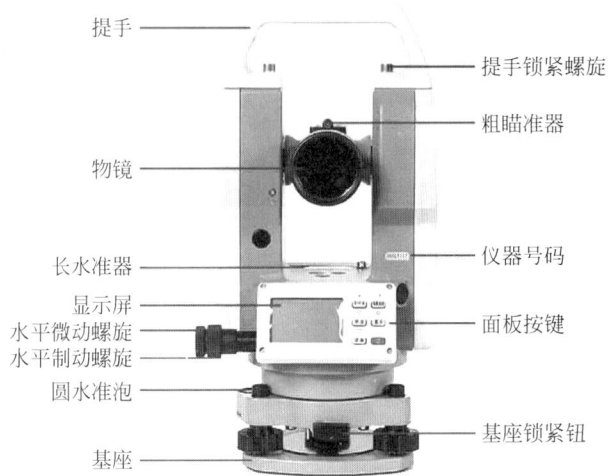

提手
提手锁紧螺旋
粗瞄准器
物镜
仪器号码
长水准器
显示屏
面板按键
水平微动螺旋
水平制动螺旋
圆水准泡
基座锁紧钮
基座

图 2-20　电子经纬仪基本构造

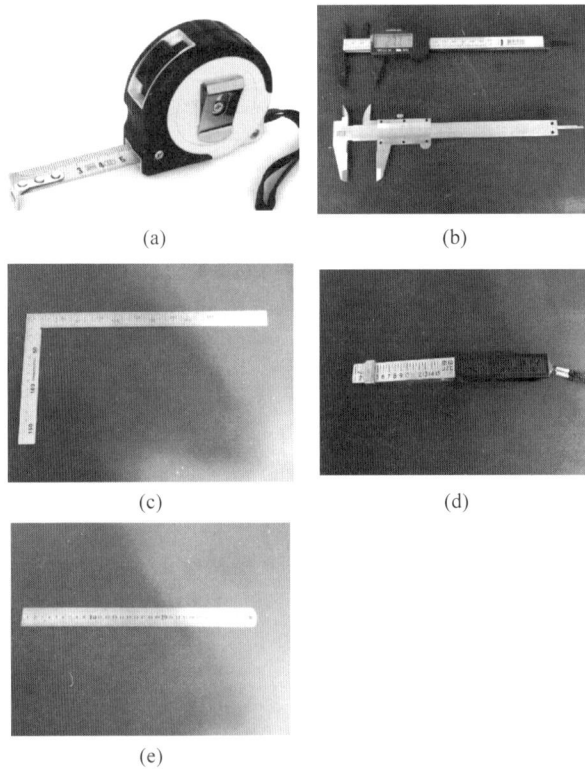

(a)　　　　　　　　　　　　(b)

(c)　　　　　　　　　　　　(d)

(e)

图 2-21　测量工具

(a) 钢卷尺；(b) 游标卡尺；(c) 角尺；(d) 楔形塞尺；(e) 钢直尺

电子式游标卡尺可直接通过显示屏读取电子显示的尺寸值；机械式游标卡尺则需要人工干预进行读数,其具体读数方法如下:

(1) 读出副尺 0 刻度左边的主尺刻度,图 2-24 所示读数为 98mm;

(2) 观察副尺标识,确定游标卡尺的精度,图 2-25 所示游标卡尺精度为 0.05mm;

图 2-22 外侧量爪测量方法

图 2-23 内侧量爪测量方法

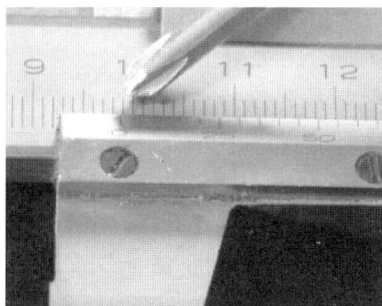

图 2-24 读取主尺刻度

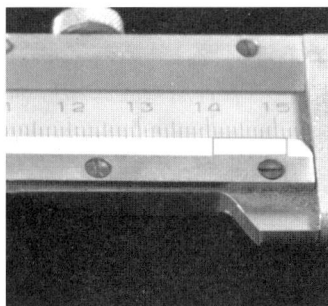

图 2-25 确定游标卡尺精度

（3）找出主尺刻度线与副尺刻度线完全对齐的位置，并数出该刻度在副尺刻度线中的排列序位，图 2-26 所示副尺刻度线的排列序位为 16；

（4）本次游标卡尺测量的读数＝主尺读数＋副尺刻度线序位数×游标卡尺精度，其最终读数为 98＋16×0.05＝98.80mm。

楔形塞尺就是一个宽 10mm 左右、长 70mm 左右，一端薄如刀刃，另一端厚 8mm 左右的楔形尺。使用时将刃口一端插入缝隙，然后读出楔形尺上在缝隙口处的读数，这个数就是缝隙宽度。

图 2-26 读取副尺刻度线的序位

2.1.3 常用建材基本知识

1. 建筑材料的分类

建筑原材料主要包括水泥、砂、石子、钢筋等，每种材料都有其特定的物理和化学性质，适用于不同的建筑部位和功能要求。

（1）水泥。水泥是建筑行业中最为常用的材料之一，主要用于混凝土、砂浆等的制作，具有黏结、硬化等特性。水泥加水搅拌后能在空气中硬化或在水中硬化，并能将砂、石等材料牢固地胶结在一起。水泥的主要成分包括硅酸三钙、硅酸二钙、铝酸三钙和铁铝酸四钙等矿物质。根据不同的化学成分和技术特性,水泥可以分为多种类型,包括硅酸盐系列通用水泥、特种水泥等。

(2)砂。砂子是由岩石风化或侵蚀后形成的细小颗粒,其大小通常介于 $0.0625\sim2mm$(粒径小于 $0.0625mm$ 的称为泥,大于 $2mm$ 的称为砾石),主要由二氧化硅(SiO_2)构成。砂主要用于混凝土和砂浆的生产。混凝土是由水泥、水、砂和粗集料混合而成的人造石材,其中砂的用量占 $30\%\sim60\%$。砂子作为细集料,对混凝土的工作性、强度和耐久性有着决定性的影响。砂子按照不同的标准可以分为多种类别。根据来源,砂子可以分为天然砂(如河砂、湖砂、海砂)和人工砂(如机制砂、混合砂),天然砂是在自然条件下形成的,而人工砂则是通过机械破碎等方式生产的。根据颗粒大小,砂子可以分为粗砂、中砂和细砂,这些不同粒径的砂子在建筑中有着不同的应用。

(3)石子。石子通常指的是经过破碎、筛选的岩石颗粒,其粒径范围一般为 $5\sim31.5mm$,超过这个范围的被称为块石或碎石。石子按用途分类可分为混凝土用石子、道路用石子、景观石子等。石子的物理性质包括颗粒大小、颗粒形状、抗压强度等。石子的主要用途包括:混凝土的重要组成部分,提供结构强度;路基填充、路面铺装,如沥青混凝土的骨料;园艺、人造溪流、路径铺设等。

(4)钢筋。一种抗拉性能极佳的金属材料,常与混凝土结合使用,形成钢筋混凝土结构,主要用于增强混凝土的承载能力和韧性,提高建筑的承载力和抗震性。钢筋的种类繁多,可根据不同标准分类。钢筋可配置在混凝土结构中,以承受拉应力、压应力、剪应力等,并通过与混凝土的良好黏结性能共同工作,提高结构的整体性能。

2．建筑材料的性能

建筑材料的性能主要包括以下几个方面。

(1)物理性能。这是指材料的基本物理属性,如密度、比重、重度、孔隙率、硬度等。密度反映了单位体积的质量,而比重则是指材料在特定状态下的重量与同体积水的重量之比。这些属性决定了材料在力学、热学、声学等方面的行为,从而影响其在建筑中的应用。例如,材料的导热性决定了其在保温隔热方面的表现,而孔隙率则影响材料的吸水性和强度。

(2)机械性能。机械性能主要关注的是材料的强度和变形特性。对于建筑钢材来说,其强度是最重要的机械性能之一,包括拉伸强度和屈服强度,它们决定了钢材在受到外力作用时的承载能力。而对于混凝土,其压缩强度和承载能力则是其主要的性能。这些性能决定了材料在承受荷载时的表现,对于保证建筑的结构安全至关重要。

(3)化学性能。这涉及材料与其他物质接触时可能发生的化学反应。例如,耐腐蚀性是一个重要的化学性能,它决定了材料在潮湿或腐蚀性环境中的稳定性。耐火性则是另一个关键的化学性能,对于保证建筑在火灾中的安全性具有重要意义。

(4)热性能。主要关注材料在温度变化时的表现,如导热性、隔热性等。这对于保证建筑的舒适性和节能性至关重要。例如,玻璃材料的隔热性决定了其在窗户和幕墙等部位的适用性。

总的来说,建筑材料的性能涵盖了多个方面,这些性能相互关联、相互影响,共同决定了材料在建筑中的适用性。在选择和使用建筑材料时,需要综合考虑其各项性能,以确保建筑的安全、舒适和持久。

3. 砂浆

砂浆依据作用不同分为砌筑砂浆和抹面砂浆。砌筑砂浆主要在砌体中作为一种传递荷载的接缝材料。抹面砂浆(也称抹灰砂浆)主要抹在建筑物和构件表面以及基底材料的表面,兼有保护基层和满足使用要求的作用。

1)砌筑砂浆

砌筑砂浆按强度划分为 M5、M7.5、M10、M15、M20 五个等级。砂浆强度的大小主要与水泥强度等级和水泥用量有关。

2)抹面砂浆

抹面砂浆通常分为普通抹面砂浆、聚合物改性抹面砂浆、瓷砖抹面砂浆、外墙保温系统用抹面砂浆及特种抹面砂浆。

(1)普通抹面砂浆是最常见的一种类型,主要用于墙体表面的抹平、修补和装饰,通常由水泥、细河砂和适量的添加剂组成。

(2)聚合物改性抹面砂浆是在普通抹面砂浆中添加聚合物改性剂而成,具有更好的黏结性、耐水性和抗裂性能。

(3)瓷砖抹面砂浆是专门用于铺设瓷砖的一种抹面材料,具有良好的黏结力和耐水性,确保瓷砖与基层之间的牢固连接。

(4)外墙保温系统用抹面砂浆在外墙保温系统中作为保温层和饰面层之间的连接层,具有良好的黏结力、耐候性和耐久性。

(5)特种抹面砂浆包括防水砂浆、耐酸砂浆、绝热砂浆、吸声砂浆等,这些砂浆具有特定的功能,适用于不同的建筑环境和要求。

4. 混凝土

1)混凝土的组成

混凝土是由胶凝材料、水和粗、细骨料按适当比例配合、拌制成拌和物,可硬化而成的人造石材。

2)混凝土的优点

(1)使用方便,新拌制的混凝土拌和物具有良好的可塑性,可浇筑成各种形状构件及结构物。

(2)可以和钢筋复合使用,扩大了混凝土的应用范围。

(3)价格低廉,原材料丰富,可就地选材。除水泥外,骨料及水占 80% 以上,符合经济原则。

(4)高强耐久,常用混凝土的强度为 20～30MPa,可提高至 60MPa 以上,具有良好的耐久性。

3)混凝土的缺点

自重大,抗拉强度低,受力变形小,容易开裂等。

4)混凝土的分类

(1)按表观密度,可分为重混凝土、普通混凝土和轻混凝土。

(2)按性能和用途,可分为结构混凝土、道路混凝土、水工混凝土、耐热混凝土、耐酸混凝土、隔热混凝土、防射线混凝土等。

（3）按所用胶凝材料,可分为水泥混凝土、石膏混凝土、硅酸盐混凝土、水玻璃混凝土、沥青混凝土及聚合物混凝土等。

（4）按混凝土的特性或施工方法,可分为防水混凝土、高强混凝土、纤维混凝土、泵送混凝土及喷射混凝土等。

2.1.4　建筑构造基本知识

建筑构造基本知识涉及建筑物的结构和构造方式。建筑构造是指建筑物的整体结构系统,包括主体结构、屋面结构、墙体结构、地基基础等。了解建筑构造基本知识可以帮助理解建筑物的承重原理、力学性能以及不同构造方式的适用范围和特点。

1. 建筑物的分类

1）按用途分类

（1）民用建筑包括住宅建筑(如普通住宅、高档公寓、别墅等),集体宿舍(如单身职工宿舍、学生宿舍等),公共建筑(如办公楼、商店、旅馆、餐厅、学校、医院、剧院、体育馆、展览馆等)。

（2）工业建筑(如工业厂房、仓库、实验室、车间等)。

（3）农业建筑(如种子库、拖拉机站、饲养用房、温室等)。

2）按结构形式分类

（1）砖木结构建筑主要承重结构由砖和木材组成。

（2）砖混结构建筑主要承重结构由砖和混凝土组成。

（3）混凝土结构建筑主要承重结构由混凝土组成,可以是预应力或非预应力混凝土。

（4）钢结构建筑主要承重结构由钢材组成。

（5）木结构建筑主要承重结构由木材组成。

3）按建筑层数或高度分类

（1）低层建筑。通常指1～3层的建筑。

（2）多层建筑。一般指4～6层的建筑。

（3）中高层建筑。一般指7～9层的建筑。

（4）高层建筑。一般指10层以上,或总高度超过24m的建筑。

（5）超高层建筑。一般指总高度超过100m的建筑。

4）按抗震设防分类

（1）甲类。使用功能非常重要,抗震设防标准最高。

（2）乙类。使用功能重要,抗震设防标准较高。

（3）丙类。使用功能一般,抗震设防标准一般。

（4）丁类。使用功能次要,抗震设防标准较低。

2. 建筑物的构成

1）基础

建筑物的基础是指埋在地面以下,底部与地基相接,能将建筑上部荷载有效地传递给地基的承重构件,可以理解为建筑物的墙或柱子在地下的扩大部分。基础埋深不宜小于600mm,基础埋深不大于5m的基础称为浅基础,基础埋深大于5m的基础称为深基础。

(1) 独立基础。常用于柱承重的结构中,常见的剖面形式有阶形、坡形和杯形等。

(2) 条形基础。也叫带形基础,可分为墙下条形基础、柱下条形基础和交叉条形基础。

(3) 桩基础。它是将深入地下土层或持力层中的若干根桩通过顶部承台连接成整体,共同承受上部构件所传递的荷载,是一种深基础。

2) 墙体

墙体是分割建筑物使用空间的主要构件。根据墙体的使用材料,可以分为砖墙、砌块墙、混凝土墙、轻质隔墙等;按照墙体的不同受力情况,可分为承重墙和非承重墙。

3) 柱

柱是建筑物中垂直的主要受力构件,其作用是承托在它上方物件(如横梁、楼板、屋顶等)的重量。柱通过基础(基座)连接到地基,以确保结构的传力和稳定。

柱可以分为多种类型。

(1) 按截面形状分类,分为圆柱、方柱、矩形柱、工字形柱、H形柱、T形柱、L形柱、十字形柱、双肢柱、格构柱。

(2) 按材料分类,分为石柱、砖柱、木柱、钢柱、钢筋混凝土柱、钢管混凝土柱。

(3) 按功能和位置分类,分为框架柱、构造柱、抱框柱、梁上柱、框支柱、独立柱。

(4) 按古代建筑分类,分为檐柱、金柱、中柱、山柱、角柱、童柱。

4) 梁

梁的主要功能是承受并传递垂直于其轴线的横向荷载,如自身重量、楼板和屋顶的重量、活荷载(如家具、人群、雪等),梁是一种长条形构件,主要受弯矩作用,导致梁产生弯曲变形。在结构工程中,梁用于支撑上部结构,并将荷载传递给柱、墙或其他支撑结构。

(1) 按支撑条件分类:简支梁、连续梁、悬臂梁等。

(2) 按材料分类:木梁、钢梁、混凝土梁、预应力混凝土梁等。

(3) 按形状分类:矩形梁、T形梁、工字梁、箱形梁等。

5) 楼板

楼板是建筑物中非常重要的组成部分,主要用于将建筑空间分隔成不同的楼层,同时承担并传递上部结构的荷载至支撑结构(如墙或柱)。楼板的设计和材料选择对建筑的结构安全、使用功能和经济性有着重大影响,楼板通常由面层、结构层、附加层、顶棚组成。

楼板的分类基于其材料、施工方式、结构类型等不同特征。

(1) 按材料分类,分为钢筋混凝土楼板、钢衬板楼板、砖拱楼板、木楼板。

(2) 按施工方法分类,分为现浇楼板、预制楼板。

(3) 按结构类型分类,分为平板楼板、肋梁楼板、无梁楼板、空心楼板、叠合楼板。

(4) 按功能分类,分为承重楼板、非承重楼板。

6) 屋面

屋面作为承重构件,要承受结构自重、设备、雨、雪、温差变形以及检修、施工等荷载,必须满足一定的强度和刚度,保证在正常使用的情况下不产生破坏。

(1) 按照屋面的坡度分类,分为平屋面(一般屋面坡度不大于5%)和坡屋面(一般屋面坡度大于10%)。

（2）按照屋面的排水方式分类,分为无组织排水屋面和有组织排水屋面。

（3）按照屋面是否保温分类,分为保温屋面和非保温屋面。

（4）按照屋面是否上人分类,分为上人屋面和非上人屋面。

（5）按照屋面材料分类,分为钢筋混凝土屋面、瓦屋面和金属屋面等。

7）阳台

阳台可以看作是楼板的延伸,是楼板的一部分。

（1）根据阳台的施工方式可分为现浇式和装配式两种。现浇式阳台是在现场预制模板,绑扎钢筋后现场浇筑混凝土一次成型的阳台;装配式阳台是将阳台构件在工厂预制,经工地现场组装完成的阳台。

（2）根据阳台的结构形式可分为挑板式阳台和挑梁式阳台。挑板式阳台是通过楼板悬挑出建筑主体而形成的阳台;挑梁式阳台是在阳台的两侧伸出挑梁,在挑梁上再布置楼板而形成的阳台。

（3）根据阳台的三面围合情况可分为封闭阳台和非封闭阳台。封闭阳台是阳台的三个面都用墙体或玻璃等围合成一个封闭空间;非封闭阳台是阳台至少有一个面是开敞的,形成一个开敞或半开敞空间。

8）雨棚

雨棚是一种建筑附件,主要用于遮挡雨水、防晒、防坠物以及丰富建筑立面造型等,通常设置在建筑物的出入口上方或是窗户、阳台等处。它可以独立存在,拥有自己的支撑体系,也可以依附于建筑物的外墙。根据雨棚的结构形式可分为悬挑式、悬挂式和支承式雨棚。小型雨棚可采用悬挑式雨棚、悬挂式雨棚;大型雨棚可采用墙或柱支承式雨棚、推拉式雨棚。

9）门

门是建筑中不可或缺的组成部分,用于分隔空间、控制进出、保护隐私以及提供安全防护,门是由门框、门扇、亮子和附件组成的。

（1）按照门的开启方式分类,可分为平开门、推拉门、旋转门、弹簧门、卷帘门、折叠门、伸缩门、翻门等。

（2）按照门所使用的材料分类,可分为木门、玻璃门、塑料门、金属门等。

（3）按照门的使用功能分类,可分为防盗门、隔声门、保温门、防火门等。

10）窗

窗的构造与门类似,也是由窗框、窗扇、亮子和附件组成的。窗户是建筑中用来允许光线和空气进入室内的开口,同时也是建筑美学和功能设计的重要组成部分。

（1）按照窗的开启方式分类,可分为平开窗、推拉窗、立转窗、悬窗、固定窗等。

（2）按照窗所使用的材料分类,可分为木窗、铝合金窗、塑料窗、金属窗等。

（3）按照窗的使用功能分类,可分为隔声窗、防火窗、保温窗等。

11）楼梯

在非单层建筑中,解决上下楼层的竖向交通主要依靠楼梯,楼梯由梯段、休息平台、栏杆扶手、楼梯井组成。

（1）按照楼梯的梯段形式分类,可分为单跑楼梯、两跑楼梯、多跑楼梯、交叉楼梯、弧形楼梯、螺旋楼梯等。

（2）按照楼梯材料分类，可分为钢筋混凝土楼梯、钢楼梯、木楼梯等。

（3）按照楼梯的室内外位置分类，可分为室内楼梯和室外楼梯。

此外，楼梯间是指周边有耐火构/配件（墙体）围护的楼梯。按照楼梯间的平面形式分类，可分为开敞楼梯间、封闭楼梯间、防烟楼梯间。

2.1.5 预制构件基本知识

预制构件是指在工厂或现场按照设计图纸预先制成的钢、木或混凝土构件，常用预制构件有叠合楼板、复合墙板、预制梁、预制柱、预制楼梯、预制阳台、预制空调板等，具有生产效率高、质量控制好、节能环保、可降低人力和时间成本等优点。

1. 装配式楼板

装配式楼板可分为叠合楼板、全预制楼板，如图 2-27 和图 2-28 所示。叠合楼板又分为普通叠合楼板、带肋预应力叠合楼板、双 T 预应力叠合楼板。

图 2-27 叠合楼板

其中，预制楼板的优点如下：

（1）节省模板。预制板作为底模，减少了模板的使用和成本。

图 2-28　全预制楼板

（2）施工速度快。由于预制构件的工厂化生产和现场快速装配,施工效率显著提高。

（3）减少湿作业量。预制板的使用减少了现场混凝土浇筑,从而减少了湿作业量。

（4）节能环保。预制板的生产和施工过程中能耗较低,符合绿色建筑要求。

（5）易于维护。预制板的平整度好,减少了后期维护工作量。

（6）适应性强。预制板的平面尺寸灵活,可以适应不同的建筑设计要求。

2. 保温外墙板

1）构造做法

预制混凝土夹心保温外墙板（又称三明治外墙板）,是由内、外叶混凝土板夹心保温层和连接件组成的预制混凝土外墙板,如图 2-29 所示。预制夹心外墙板是集建筑、结构、防水、保温、防火、装饰等多项功能于一体的装配式预制构件,通过局部现浇及钢筋套筒连接等有效的连接方式,使之形成装配整体式住宅。

图 2-29　保温外墙板

2）优点

（1）提高质量,免抹灰,消灭空鼓裂缝,取消湿作业。

（2）提高效率,减少抹灰工序,易实现穿插作业。

（3）减少人工,砌体 $30\sim40\mathrm{m}^2$／工日,预制墙板 $40\sim70\mathrm{m}^2$／工日。

（4）精细化管理,计划性要求高,可提高工程管理水平。

3. 预制梁

预制梁是一种在工厂或现场预先制作的混凝土水平构件,省去了现场模板搭拆、避免质量通病、降低安全风险,尤其适合于大规模标准化生产的工程项目,如图 2-30 所示。

图 2-30 预制梁

4. 预制柱

预制柱是一种在工厂或现场预先制作的混凝土竖向构件,竖向连接通常采用套筒灌浆连接,柱与预制梁、叠合楼板通过钢筋搭接和混凝土现浇形成整体结构,如图 2-31 所示。

图 2-31 预制柱

5. 预制楼梯

预制楼梯是一种在工厂预先制作的混凝土竖向交通构件,放置在平台梁之上,如图 2-32 所示。

图 2-32 预制楼梯

1)预制楼梯的类型

预制楼梯因其在建筑施工中的高效性和灵活性而受到广泛欢迎,预制楼梯的种类多样,主要根据其结构、材料和外形进行分类。

(1)按材料分类

① 预制混凝土楼梯:具有较高的强度和耐久性,适用于大部分建筑类型。

② 预制钢楼梯:轻质、强度高,适合工业化建筑和临时建筑,如图 2-33 所示。

③ 预制木制楼梯:美观、温暖,适用于住宅和小型商业建筑,如图 2-34 所示。

图 2-33 预制金属楼梯

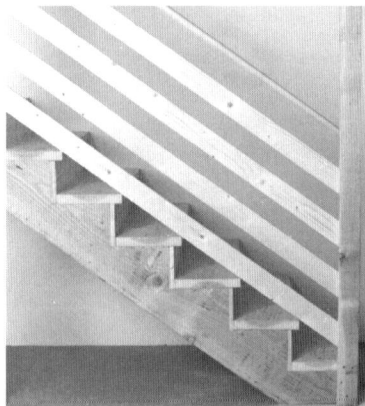

图 2-34 预制木制楼梯

④ 复合材料楼梯:结合了不同材料的优点,如钢-混凝土复合楼梯,具有更好的性能和更长的寿命。

(2)按外形分类

① 直线楼梯:最常见的一种,结构简单,适用于大多数建筑。

② 螺旋楼梯:占用空间小,具有艺术美感,适合空间有限的情况,如图 2-35 所示。

③ 弧形楼梯：美观大方，适用于大型公共建筑和豪华住宅，如图 2-36 所示。

图 2-35 螺旋楼梯

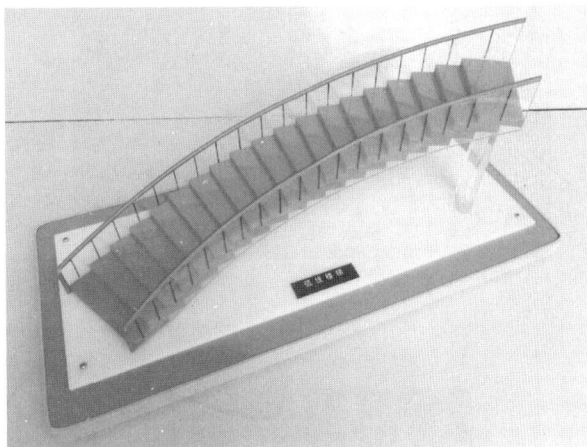

图 2-36 弧形楼梯

④ 双跑楼梯：由两个平行或交错的楼梯组成，可以节省空间，提高效率，如图 2-37 所示。

图 2-37 双跑楼梯

2）预制楼梯的优势

预制楼梯的优势在于其在工厂内完成，减少了现场支模、钢筋绑扎和混凝土浇筑等工序，显著缩短了施工时间，减少了现场施工中的不确定性和潜在风险。

6．预制阳台板

阳台板为悬挑构件，有叠合式和全预制两种类型，与主体结构可靠连接，如图 2-38 所示。

7．预制空调板

空调板属于悬挑板式构件，一般是全预制构件，与主体结构可靠连接，如图 2-39 所示。

图 2-38　预制阳台板

1—阳台底板；2—栏板；3—预留洞口。

图 2-39　预制空调板

2.1.6　部品基本知识

部品是指将多种配套的构件或元件以工业化技术集成方式组合的具有独立完整功能的建筑构成部分,这是它区别于构件、部件、材料的重要特征。部品主要有以下特点:

(1) 独立性。部品具有独立完整的功能,能够满足装修或生产中的不同功能需求。

(2) 集成性。部品通常是通过工业化技术将多种构件、部件或产品集成而成,具有高度的集成性和模块化特点。

(3) 多样性。部品的种类繁多,如门、窗、整体厨房、整体卫浴等具有独立功能的住宅工业产品。

这里主要介绍整体厨房和整体卫浴。

1. 整体厨房

整体厨房,也称为装配式整体厨房,是一种将厨房内各个构件、配件、设备、设施等部件集成为建筑部品的厨房形式,通常在工厂中通过模数化设计和标准化生产,然后在现场进行组装,整体预制厨房的特点包括快速安装、防渗漏、标准化生产等,能够在有限的空间内达到最佳的整体效果,具有较高的强度和防火性能,如图 2-40 所示。

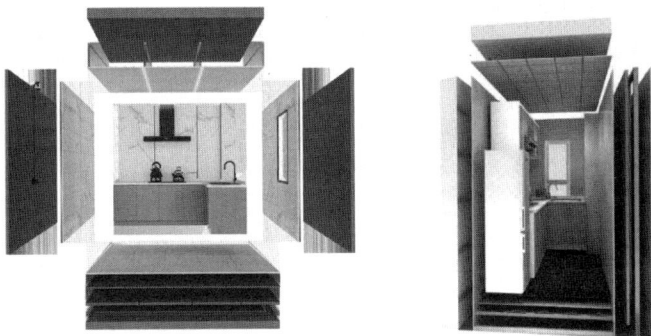

图 2-40　整体厨房拆分示意图

2. 整体卫浴

整体卫浴是一个包括防水底盘、顶板、壁板及所有卫浴设施的整体卫浴解决方案,是一个系统工程的独立卫生单元,其所有配置均为模块化设计、工业化生产,如图 2-41 所示。

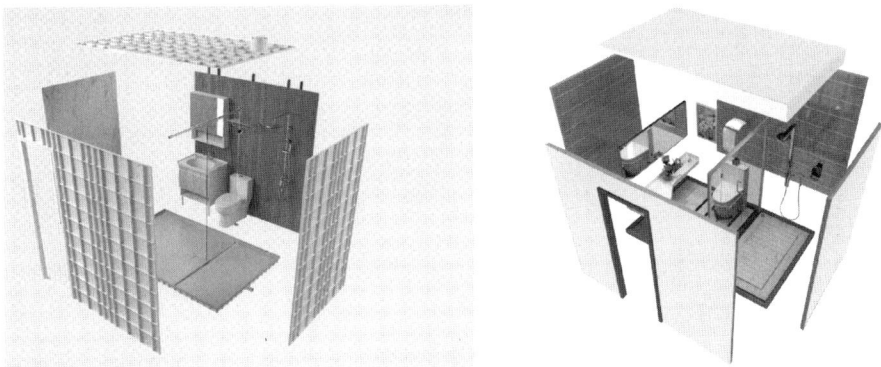

图 2-41　整体卫浴拆分示意图

整体卫浴的特点如下:

(1)清洁干爽。采用圆弧边角设计,全方位无死角;防水盘表面有良好的流水坡度,排水迅速;不积水吸潮,便于清洁,并保持卫生间干爽。

(2)超强耐用。材质紧密、表面平整光洁,能有效抑制细菌滋生,让整体卫生间历久弥新。

(3)杜绝渗漏。底盘由数控机床一次成型,精度高,稳固性好,从根本上杜绝了传统卫生间人工造成的漏水、渗漏等质量问题。

(4)安装便捷。采用干法施工,无须传统卫生间所使用的砂子、水泥等施工材料,安装时只需螺钉、黏合剂等材料,大大减少了施工工期和作业难度。

(5)质量保障。相对于传统卫生间,整体卫生间质保期更长,结构主体一般质保 20 年,且后期由厂商专业队伍进行维护。

2.2 安全文明生产与环境保护

2.2.1 现场安全文明生产的基本要求

现场安全文明生产的基本要求包括以下几点。

(1) 安全第一。确保工人和现场人员的人身安全是最重要的原则,要加强安全教育和培训,提高员工的安全意识。

(2) 预防为主。通过制定科学合理的安全管理制度和操作规程,预防事故的发生,包括对现场施工环境、设备和工具的安全检查与维护。

(3) 现场整洁。保持现场整洁有序,及时清理施工现场的垃圾、杂物和危险品,防止堆放不当导致的安全事故。

(4) 个人防护。要求现场工人佩戴必要的个人防护装备,如安全帽、防护鞋、防护手套等,保证自己的安全。

2.2.2 安全操作与劳动保护的基本知识

1. 基本知识

安全操作与劳动保护的基本知识包括以下几点。

(1) 熟悉操作规程。了解所从事的工作的操作规程和操作要求,按照规程进行工作,不擅自更改或越权操作。

(2) 使用安全工具。使用符合标准的工具和设备,确保其正常运行和安全性能,避免使用损坏或不符合要求的工具。

(3) 防止事故。注意工作环境和周围的安全隐患,及时清理施工区域的杂物和危险品,避免绊倒、滑倒和物体掉落等事故。

(4) 健康保护。合理安排工作时间和休息时间,避免长时间连续工作导致疲劳,注意个人卫生和工作场所的卫生。

任何人进入施工现场前,都必须做好必要的劳动保护工作。

2. 安全帽

安全帽作为建筑施工领域的安全三宝之首,对于保护作业者头部安全具有重要的作用。合格的安全帽至少应由帽壳、帽衬、帽带三部分组成,多数安全帽还配有用来调节安全帽松紧程度的帽箍(图 2-42)。

佩戴安全帽前,使用者首先应挑选适合本人头部大小的安全帽,并对安全帽进行外观检查。对于破损、开裂、变形、部件缺失、强度不足等有损伤或质量问题的安全帽(图 2-43),不应使用,应及时更换。

领取到适合的安全帽后,使用者应及时佩戴安全帽。佩戴时,必须将安全帽正置于头上,不得歪戴或置于脑后。正置后,使用者须调节帽带,帽带的松紧以既能保证安全帽不会

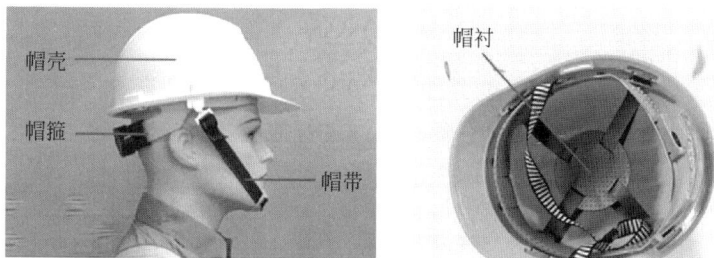

图 2-42 安全帽结构图

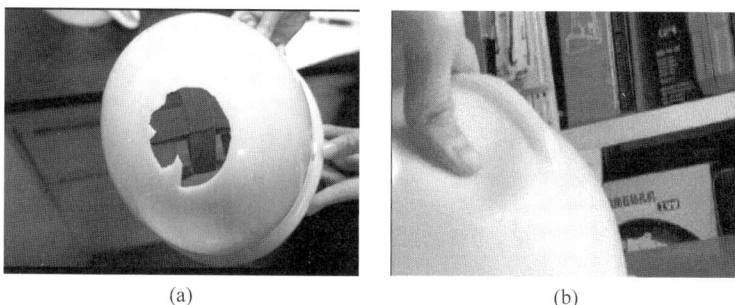

(a)   (b)

图 2-43 安全帽质量问题

(a) 安全帽破损；(b) 安全帽强度不足

脱落移位,又不会造成佩戴者下颚部不适为宜。对于配有帽箍的安全帽,使用者可通过调节帽箍松紧,来调整安全帽与头部的束缚作用(图 2-44)。

3. 劳保工装

实操人员在进行实操作业时,须按规定穿戴工装。劳保工装应做到统一、整齐、整洁,工装常采用反光背心(图 2-45)。实操作业期间,实操人员应身穿长衣长裤,且不得卷起衣袖口和裤腿,尽量不要将皮肤裸露在外。反光背心应穿着在长衣外。实操人员应穿专业施工防滑鞋,严禁穿拖鞋、凉鞋、高跟鞋等进行实操作业。

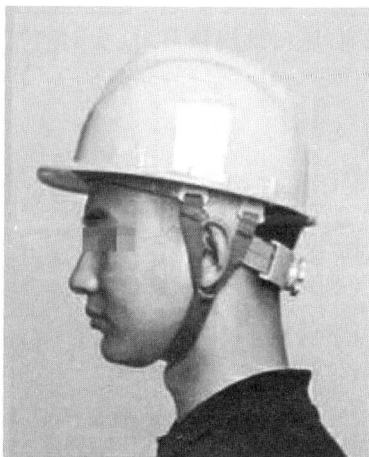

图 2-44 正确佩戴安全帽

图 2-45 实操人员穿戴反光背心

4. 劳保手套

实操作业期间,实操人员应佩戴劳保手套(图 2-46)。佩戴前,实操人员应按照手部大小选择合适的劳保手套,并应对劳保手套的质量进行检查,如遇破损应立即更换。实操作业结束后,应及时将劳保手套内外污物擦洗干净。

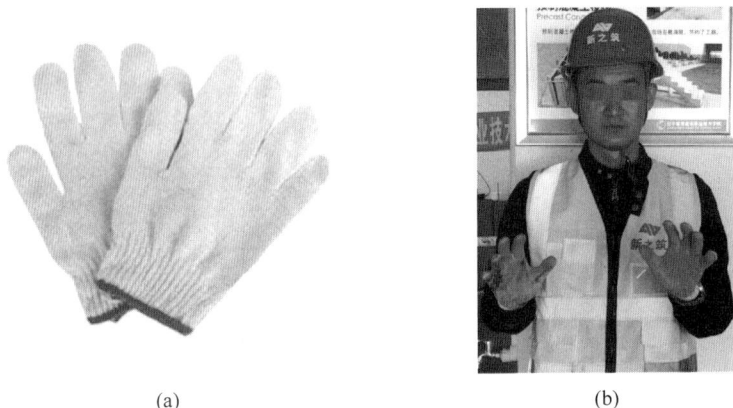

(a)　　　　　　　　　　(b)

图 2-46　劳保手套

(a)劳保手套展示图;(b)实操人员佩戴劳保手套

2.2.3　绿色施工及环境保护的基本知识

绿色施工及环境保护的基本知识包括以下几点。

(1)节约资源。合理使用建筑材料和能源,减少浪费,推行绿色节能建筑设计和施工理念。

(2)废物处理。合理处理施工过程中产生的废弃物,分类储存和处理,减少对环境的污染。

(3)环境保护。遵守环境保护相关法律法规,控制施工过程中的噪声、粉尘和废水排放,保护周围环境的生态平衡。

(4)生态修复。在施工完成后,进行相应的植被恢复和景观修复,减少对自然环境的破坏。

2.3　装配式建筑施工质量控制

2.3.1　岗位质量职责与保障措施

装配式建筑施工员岗位质量职责包括但不限于以下内容。

(1)负责施工图纸和技术文件的审核,确保施工符合设计要求和标准。

(2)负责施工现场的质量管理工作,包括材料验收、施工过程监督和质量验收等。

(3)组织施工人员进行质量安全培训,提高施工人员的质量意识和技术水平。

（4）确保施工过程中的质量问题及时解决，保证施工进度和质量。

（5）参与施工方案的制定和优化，提出改进意见，提高施工质量和效率。

装配式建筑施工员岗位保障措施包括但不限于以下内容。

（1）建立健全的质量管理体系，明确施工质量的要求和目标。

（2）制订质量控制计划，明确质量检查和测试的方法和频次。

（3）质量问题的及时整改和追踪，确保问题得到根本解决。

（4）建立施工质量档案，记录施工过程中的质量问题和处理措施。

（5）定期组织质量评审，总结经验教训，改进施工质量。

2.3.2　装配工艺质量控制要求

装配工艺质量控制要求包括但不限于以下内容。

（1）确保装配过程中的尺寸精度，避免装配误差导致的质量问题。

（2）确保装配过程中的连接质量，避免连接松动或失效导致的质量问题。

（3）确保装配过程中的防水和保温性能，保证建筑的功能和使用寿命。

（4）确保装配过程中的施工安全，避免事故和人员伤害。

（5）定期进行装配工艺的检查和测试，发现问题及时整改。

2.4　相关法律、法规知识

2.4.1　《中华人民共和国劳动法》相关知识

《中华人民共和国劳动法》是为了保护劳动者的合法权益，调整劳动关系，建立和维护适应社会主义市场经济的劳动制度，促进经济发展和社会进步而制定的法律。对于建筑施工人员，该法也提供了相应的权益保障和规定。

首先，建筑施工人员作为劳动者，享有平等就业和选择职业的权利、取得劳动报酬的权利、休息休假的权利、获得劳动安全卫生保护的权利、接受职业技能培训的权利、享受社会保险和福利的权利，以及提请劳动争议处理的权利等。同时，他们也有义务完成劳动任务，提高职业技能，执行劳动安全卫生规程，遵守劳动纪律和职业道德。

其次，在建筑施工领域，劳动安全卫生尤为重要。《中华人民共和国劳动法》第六章明确规定了劳动安全卫生的相关要求，包括用人单位必须为劳动者提供符合国家规定的劳动安全卫生条件和必要的劳动防护用品，对从事有职业危害作业的劳动者应当定期进行健康检查等。这些规定对于保障建筑施工人员的生命安全和身体健康具有重要意义。

此外，建筑施工人员作为特殊行业的劳动者，还可能享有其他特定的权益保障。例如，在工资支付、工作时间和休息休假等方面，可能会根据行业特点和实际情况进行特殊规定。

总之，《中华人民共和国劳动法》为建筑施工人员提供了全面的权益保障，同时也规范了用人单位的行为。建筑施工人员应当了解自己的权益和义务，依法维护自己的合法权益。同时，用人单位也应当遵守相关法律法规，为建筑施工人员提供良好的工作环境和待遇。

2.4.2 《中华人民共和国劳动合同法》相关知识

《中华人民共和国劳动合同法》(以下简称《劳动合同法》)是规范劳动关系、保护劳动者权益的基本法律。对于装配式建筑施工人员而言,该法律提供了一系列的保护措施,主要包括以下几点。

(1) 劳动合同的签订与保护。《劳动合同法》规定,用人单位与劳动者建立劳动关系时,必须签订书面劳动合同,明确双方的权利和义务。这意味着装配式建筑施工人员在入职时应有明确的劳动合同,保障其合法权益。

(2) 工资支付与工时规定。《劳动合同法》规定了工资支付的标准和周期,以及工作时间和休息休假的规定。这有助于确保施工人员获得合理的报酬,并享有法定的休息时间。

(3) 安全生产与健康保护。《劳动合同法》强调了用人单位在劳动过程中应提供必要的安全生产条件和劳动保护措施,以保障施工人员的安全和健康。

(4) 劳动争议解决。《劳动合同法》提供了劳动争议解决的机制,包括协商、调解、仲裁和诉讼等途径。这为施工人员在遇到劳动争议时提供了法律途径。

(5) 社会保险与福利。《劳动合同法》要求用人单位为劳动者缴纳社会保险,包括养老、医疗、失业、工伤和生育保险等。此外,施工人员还应享受国家规定的其他福利待遇。

(6) 禁止非法解雇。《劳动合同法》规定了劳动合同解除和终止的条件,禁止用人单位非法解雇劳动者。这为施工人员提供了就业稳定性的法律保障。

(7) 培训与职业发展。《劳动合同法》鼓励用人单位对劳动者进行职业技能培训,促进其职业发展。

2.4.3 《中华人民共和国安全生产法》相关知识

《中华人民共和国安全生产法》是中国安全生产领域的基本法律,旨在规范生产经营活动中的安全生产行为,预防和减少生产安全事故,保护人民生命财产安全。对于装配式建筑施工人员而言,该法律提供了一系列法律保障和权利,以确保其在施工过程中的安全和健康。

1. 培训主要知识

装配式建筑施工人员在接受职业培训时,需要学习的《中华人民共和国安全生产法》知识主要包括以下几个方面。

(1) 安全生产的基本原则和管理制度。理解安全生产的法律框架,包括企业的安全生产责任、安全生产管理机构的设置、安全生产投入的保障等。

(2) 安全生产监督和法律责任。学习安全生产监督检查的法律要求,以及违反安全生产法律法规的法律责任和处罚措施。

(3) 安全生产教育和培训。掌握安全生产教育和培训的法律要求,确保所有员工在上岗前经过必要的安全教育和培训。

(4) 应急救援和事故报告。了解应急救援的法律规定和事故报告的程序,以及在事故发生时的法律义务。

(5) 个人防护装备的使用。学习正确选择、佩戴和使用个人防护装备的法律要求,以减少工伤事故的发生。

（6）施工现场的安全管理。掌握施工现场安全管理的法律要求，包括安全警示标识、施工现场秩序维护、危险源辨识和风险评估等。

（7）特种作业的安全要求。对于从事特种作业的员工，了解特种作业许可证的法律规定和特种作业的安全操作规程。

（8）安全生产法律法规的更新。随着法律法规的不断完善，员工需要及时学习最新的安全生产法律法规，以保持知识的时效性和合规性。

这些内容有助于装配式建筑施工人员在日常工作中更好地理解和遵守安全生产法律法规，从而有效预防和减少安全事故，保障自身和同事的安全。

2. 施工人员的法定权利

在装配式建筑施工过程中，如果施工人员发现安全隐患，他们依法拥有以下权利。

（1）知情权和建议权。施工人员有权了解其作业场所和工作岗位存在的危险因素、防范措施以及事故应急措施，并有权对安全生产工作提出建议。

（2）紧急避险权。在发现直接危及人身安全的紧急情况时，施工人员有权停止作业或采取可能的应急措施后撤离作业场所。

（3）获得劳动防护用品权。施工单位应提供必要的安全防护用具和安全防护服装，并告知操作规程和违章操作的危害。

（4）批评、检举、控告权及拒绝违章指挥权。施工人员有权对安全生产中的不当行为提出批评、检举和控告，并有权拒绝违章指挥和强令冒险作业。

（5）获得工伤保险和意外伤害保险赔偿的权利。施工人员在遭受生产安全事故伤害时，有权获得工伤保险和意外伤害保险的赔偿。

（6）请求民事赔偿权。因生产安全事故受到损害的施工人员，除依法享有工伤保险外，还可以向单位提出赔偿要求。

3. 施工人员的法定义务

施工人员在发现安全隐患时，也有相应的法定义务。

（1）事故隐患报告义务。施工人员发现事故隐患或其他不安全因素时，应立即向现场安全生产管理人员或本单位负责人报告。

（2）守法遵章和正确使用安全防护用具的义务。施工人员在作业过程中应严格遵守安全生产规章制度和操作规程，正确使用劳动防护用品。

（3）接受安全生产教育培训的义务。施工人员应接受安全生产教育和培训，提高安全生产技能和事故预防能力。

施工人员在行使权利的同时，必须履行上述义务，以确保个人和他人的安全，并促进施工现场的安全生产环境。

2.4.4 《中华人民共和国环境保护法》相关知识

《中华人民共和国环境保护法》是中国环境保护领域的基本法律，旨在保护和改善环境，防治污染和其他公害，保障公众健康，维护生态平衡，促进经济社会可持续发展。该法律规定了建设项目必须符合环境保护法律法规和环境保护规划的要求,并强调了建设单位和施工单位在施工过程中应当采取措施保护环境,防止污染和破坏自然资源、生态环境。

装配式施工员作为建筑行业中新设立的职业,其工作内容涉及装配式建筑施工的各个环节,包括但不限于构件装配、吊装与临时支撑、现场安全文明生产与环境保护等。在施工过程中,装配式施工员需要遵守相关的环境保护法律法规,确保施工活动不对环境造成重大影响,并采取相应的环境保护措施。

根据《中华人民共和国环境保护法》的相关要求,装配式施工员在施工现场的具体环境保护措施包括以下几点。

(1) 施工现场管理。合理规划施工现场,减少对周边环境的影响,采取废弃物分类、回收和再利用等措施。

(2) 减少噪声和空气污染。选择低噪声设备,控制运输车辆尾气排放,封闭装配区域以减少噪声和粉尘向周围扩散。

(3) 节能技术与系统。推广节能技术与系统,提高装配式建筑的能源利用效率。

2.4.5 《中华人民共和国特种设备安全法》相关知识

《中华人民共和国特种设备安全法》是中国特种设备安全监督管理的基本法律,旨在确保特种设备的安全运行,防止和减少事故,保护人民生命和财产安全,保护环境,维护国家安全。特种设备包括锅炉、压力容器、电梯、起重机械等,这些设备在建筑施工中广泛使用,特别是在装配式建筑施工中,涉及的预制构件吊装、施工电梯使用等,都属于特种设备的范畴。

在《中华人民共和国特种设备安全法》的框架下,装配式施工员在操作特种设备时必须持有相应的特种作业操作资格证书,并严格遵守安全操作规程。这是因为特种设备的操作具有较高的风险性,不当的操作可能导致严重的安全事故。因此,《中华人民共和国特种设备安全法》对特种设备的生产、经营、使用单位以及作业人员的资格和行为提出了严格的要求。

特种设备生产、经营、使用单位有下列情形之一的,责令限期改正;逾期未改正的,责令停止使用有关特种设备或者停产停业整顿,处一万元以上五万元以下罚款。

(1) 未配备具有相应资格的特种设备安全管理人员、检测人员和作业人员的。

(2) 使用未取得相应资格的人员从事特种设备安全管理、检测和作业的。

(3) 未对特种设备安全管理人员、检测人员和作业人员进行安全教育和技能培训的。

2.4.6 《中华人民共和国建筑法》相关知识

《中华人民共和国建筑法》对建筑施工的安全、质量等方面提出了一系列要求,这些要求同样适用于装配式建筑施工员的工作。施工员需要遵守相关的法律法规,确保施工过程中的安全和质量符合国家标准。

2.4.7 《中华人民共和国民法典》相关知识

《中华人民共和国民法典》(以下简称《民法典》)中关于建筑施工人员的相关规定主要涉及施工人员的权益保护和建筑施工合同中的责任与义务。

首先,在建筑施工合同中,施工人员有义务按照合同约定进行施工,并保证施工质量。

如果因施工人员的原因致使工程质量不符合约定,发包人有权请求施工人员在合理期限内进行无偿修理或者返工、改建。这一规定对施工人员的专业技能和责任心提出了要求,同时也为发包人提供了质量保障。

其次,《民法典》强调了施工人员的安全保障。建筑施工现场是一个高风险的工作环境,因此,保障施工人员的生命安全至关重要。法律规定,施工人员必须佩戴安全防护用品,并遵守施工现场的安全规定。此外,建筑施工单位也应当为施工人员提供必要的安全培训和保障措施。

在劳务分包方面,《民法典》规定建筑施工劳务分包的范围和界限,明确了分包人和分承包人的责任和义务。这一规定有助于保障施工人员的合法权益,避免层层转包和违法分包带来的风险。

此外,《民法典》还鼓励建筑施工单位为施工人员购买建筑安全意外伤害类的商业保险,以避免可能存在的风险。这一措施可以为施工人员提供更加全面的保障,降低因意外伤害带来的经济损失。

总的来说,《民法典》中关于建筑施工人员的规定旨在保障施工人员的合法权益和生命安全,明确施工合同中的责任与义务,规范建筑施工市场秩序。这些规定对于促进建筑施工行业的健康发展具有重要意义。

请注意,虽然《民法典》为建筑施工人员提供了一定的法律保障,但具体情况可能因地区和具体合同条款而异。因此,在实际操作中,建筑施工人员应了解自己的权益和义务,并根据实际情况采取相应的措施来保护自己的合法权益。

2.4.8 《建设工程安全生产管理条例》相关知识

《建设工程安全生产管理条例》是中国政府为了加强建设工程安全生产管理,防止和减少生产安全事故,保障人民群众生命和财产安全而制定的法规。该条例对施工单位的安全生产管理提出了明确要求,包括对作业人员的安全生产教育培训、安全生产责任制的建立、安全生产条件的保障等方面。装配式施工员在上岗前需要接受相应的安全生产教育培训,并通过考核合格后方可上岗作业。

2.4.9 《建设工程质量管理条例》相关知识

《建设工程质量管理条例》是规范建设工程质量管理活动的法律文件,装配式施工员的工作内容和质量控制要求与该条例密切相关。在施工过程中,施工员必须遵循相关的质量管理规定,确保工程质量符合国家和行业标准。

2.5 课后思考题

一、选择题

1. 在建筑施工图纸中,以下不是图纸的必要组成部分的是(　　　)。
   A. 标题栏　　　　　　　　B. 图框线　　　　　　　　C. 幅面线
   D. 装订边线　　　　　　　E. 施工人员名单

答案：E

2. 建筑平面图得到的方式是(　　)。

    A. 正投影法　　　　B. 侧投影法　　　　C. 水平剖切法　　　　D. 垂直剖切法

答案：C

3. 建筑立面图显示了建筑物的(　　)。

    A. 内部结构　　　　B. 外观特征　　　　C. 地下设施　　　　D. 屋顶构造

答案：B

4. 建筑详图的主要目的是(　　)。

    A. 表示建筑物的整体形状　　　　　　　B. 显示建筑物的外观颜色

    C. 清晰表达建筑细部构造和做法　　　D. 描述建筑物的地理位置

答案：C

5. 建筑大样图主要用于(　　)。

    A. 表示建筑物的总体布局　　　　　　　B. 展示建筑物的外观设计

    C. 表达建筑细部构造的详细尺寸　　　D. 描述建筑物的环境关系

答案：C

6. 在施工测量中,不是常用测量仪器的是(　　)。

    A. 水准仪　　　　　　　　　　　　　　B. 经纬仪

    C. 全站仪　　　　　　　　　　　　　　D. 红外线测距仪

答案：D

7. 水准仪用于指示仪器是否水平的部分是(　　)。

    A. 望远镜　　　　B. 水准器　　　　C. 物镜　　　　D. 目镜

答案：B

8. 经纬仪主要用于测量(　　)。

    A. 高程　　　　B. 角度　　　　C. 距离　　　　D. 重量

答案：B

9. 水泥的主要成分不包括(　　)。

    A. 硅酸三钙　　　　B. 硅酸二钙　　　　C. 铝酸三钙　　　　D. 石英

答案：D

10. 石子在混凝土中的主要作用是(　　)。

    A. 提供色彩　　　　　　　　　　　　　B. 增加重量

    C. 提供结构强度　　　　　　　　　　　D. 增加流动性

答案：C

11. 以下用于墙体表面的抹平、修补和装饰的砂浆是(　　)。

    A. 砌筑砂浆　　　　B. 抹灰砂浆　　　　C. 特种砂浆　　　　D. 装饰砂浆

答案：B

12. 使混凝土成为广泛应用建筑材料的优点是(　　)。

    A. 使用方便　　　　　　　　　　　　　B. 高强耐久

    C. 可与钢筋复合使用　　　　　　　　　D. 所有选项都是

答案：D

13. 整体卫生间相比传统卫生间的优势有( )。
    A. 清洁干爽   B. 超强耐用
    C. 杜绝渗漏   D. 所有选项都是
答案：D

14. 施工现场安全文明生产的基本要求不包括( )。
    A. 安全第一   B. 预防为主
    C. 快速施工   D. 个人防护
答案：C

15. 装配式建筑施工员岗位质量职责不包括( )。
    A. 审核施工图纸   B. 管理施工现场质量
    C. 提高施工工人的质量意识   D. 制定国家政策
答案：D

二、填空题

1. 建筑施工图识读应遵循的原则是先_____后_____、先大后小、先外后里、先概貌后细部。
答案：粗、细

2. _____展示了新建建筑物四周一定范围内的新建、拟建、原有和拆除的建筑物连同其周围的道路、绿化、地形、地貌等。
答案：总平面图

3. 建筑平面图是通过假想用一水平剖切面,沿各层的门、窗洞,通常离本层楼、地面约_____ m做水平剖切得到的。
答案：1.2

4. _____展示了建筑物的外观和立面特征,可以反映房屋的高度、层数、屋顶的形式等。
答案：建筑立面图

5. _____展示了建筑物内部的结构和层次关系。
答案：建筑剖面图

6. _____用于补充平面图、立面图、剖面图,详细表达建筑细部构造和做法。
答案：建筑详图

7. _____用于表示梁、柱、屋架、基础等构件的详细构造情形。
答案：建筑大样图

8. 水准仪的_____是由物镜光心与十字丝交点的连线构成。
答案：视准轴

9. 水准测量中,转点处放置_____,作用是防止点位移和水准尺下沉。
答案：尺垫

10. _____、_____、_____、_____是建筑行业中常用的原材料。
答案：水泥、砂、石子、钢筋

11. _____作为细集料,对混凝土的工作性、强度和耐久性有着决定性的影响。
答案：砂子

12. 水准仪主要由望远镜、水准器和_____三部分构成。

答案：基座

13. _____与混凝土结合使用,形成钢筋混凝土结构,提高建筑的承载力和抗震性。

答案：钢筋

14. _____依据作用不同分为砌筑砂浆和抹灰砂浆。

答案：砂浆

15. _____的优点包括使用方便、可以和钢筋复合使用、价格低廉、高强耐久。

答案：混凝土

三、思考题

1. 装配式建筑施工中预制构件与部品有什么区别?分别列举出常见的预制构件和部品。

答案：(1)预制构件是指在工厂或现场预先制作的建筑结构部件,一般是单一的结构元素,如梁、板、柱等,通常需要在施工现场进行装配连接,形成建筑的结构骨架,主要承担建筑的结构荷载,是构成建筑主体结构的关键部分,对建筑的安全性和稳定性起着决定性作用。

(2)部品是由多种材料、部件组成的具有独立功能的建筑产品,如门窗、集成卫生间、整体橱柜等,它可以直接安装在建筑中,实现特定的使用功能,侧重于满足建筑的使用功能和装饰要求,提升建筑的舒适性和美观性,是建筑功能实现和品质提升的重要组成部分。

(3)常见的预制构件有预制混凝土柱、预制混凝土梁、预制混凝土叠合板、预制墙板、预制楼梯等。

(4)常见的部品有外挂墙板、内隔墙板、集成厨房、集成卫浴等。

2. 结合装配式建筑施工质量控制要求,施工员在施工过程中应如何保障装配工艺质量。

答案：施工员应确保装配过程中的尺寸精度,在施工前仔细核对预制构件的尺寸,按照设计要求进行安装,避免误差积累。对于连接质量,要严格按照规范操作,检查连接部位是否牢固,如钢筋连接、螺栓连接等,防止连接松动或失效。在防水和保温性能方面,施工员须保证密封材料的正确使用,对保温层进行有效保护和安装,避免出现渗漏和保温效果不佳的问题。施工过程中要时刻注意施工安全,遵守安全操作规程,佩戴好个人防护装备,确保人员安全。还要定期对装配工艺进行检查和测试,如对构件连接点进行探伤检测等,发现问题及时整改,做好施工记录,便于追溯和总结经验。

第 3 章

构 件 装 配

3.1　构件检验与现场存放

《标准》对应内容			本书对应内容
职业功能	工作内容	技能要求	书内目录
1. 构件装配	1.1 构件检验与现场存放	1.1.1 能核对预制构件规格、型号、数量 1.1.2 能根据构件信息及堆场条件存放预制构件	3.1.1 预制构件 3.1.2 预制构件现场存放要求和方法

3.1.1　预制构件

1. 预制构件规格

预制构件规格是指预制构件的尺寸、形状、材料等基本要素的规定。通常使用长度、宽度、厚度等尺寸来表示,如 $L \times W \times H$,L、W、H 分别表示长度、宽度、高度。

现阶段,我国装配式混凝土预制构件主要包括叠合楼板、复合墙板、梁、柱、楼梯、飘窗、阳台板、空调板等。

预制构件的规格型号会根据具体的项目需求和设计要求而有所不同,以下是一些常见的预制构件规格型号。

(1)叠合楼板。叠合楼板宽度一般为 600mm;叠合楼板底板厚度不宜小于 60mm,后浇混凝土叠合层厚度不应小于 60mm;叠合底板长度根据设计深化图纸确定。

(2)预制混凝土梁。根据其截面形状,预制混凝土梁可分为矩形梁、T 形梁、I 形梁、花篮梁等(图 3-1),常用的截面高度为 250mm、300mm、350mm、400mm、450mm、500mm、550mm、600mm 等;梁底宽度一般为矩形梁高度的 1/2～2/3。

(3)预制混凝土柱。预制混凝土柱根据不同的截面形状和用途,可以分为多种类型,如矩形柱、圆形柱、T 形柱、H 形柱、L 形柱等。每种类型的预制混凝土柱都有其特定的应用场

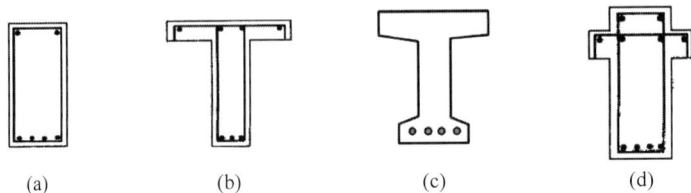

图 3-1　预制混凝土梁

(a) 矩形梁截面；(b) T 形梁截面；(c) I 形梁截面；(d) 花篮梁截面

景和优势。常见截面尺寸一般为 300mm×300mm、350mm×350mm、400mm×400mm、450mm×450mm、500mm×500mm 等。

（4）预制混凝土墙板。预制混凝土墙板根据不同的分类标准可以分为多种类型。例如,按材料可分为普通混凝土墙板、轻质混凝土墙板等；按功能可分为承重墙板、非承重墙板；按位置可分为内墙隔板、外墙保温复合板等。在实际应用中,应根据具体工程需求选择合适的墙板类型和规格型号。

2. 预制构件的命名规则

预制构件型号是对不同规格、型号的预制构件进行标识和分类。通常使用字母、数字、符号等组合来表示。

预制构件的命名规则通常是为了解决在装配式建筑中对各种预制构件进行唯一标识和分类的问题,以便于设计、生产和施工过程中的管理和沟通。虽然不同国家和地区可能有不同的标准和习惯,但是中国有一个相对统一的命名规则,这主要体现在国标《装配式混凝土结构表示方法及示例》(15G107-1)中。以下是一些基本的命名规则示例。

（1）预制墙板。预制墙板命名规则如表 3-1 所示。

表 3-1　预制墙板命名规则

预制墙板类型	代号	序号
预制外墙	YWQ	1
预制内墙	YNQ	5a

【例】　YWQ1：表示预制外墙,编号为 1。

【例】　YNQ5a：某工程有一块预制混凝土内墙板,与已编号的 YNQ5,除线盒位置外其他参数均相同,为方便起见,将该预制内墙板序号编为 5a。

（2）叠合梁。叠合梁命名规则如表 3-2 所示。

表 3-2　叠合梁命名规则

名称	代号	序号
预制叠合梁	DL	1
预制叠合连梁	DLL	3

【例】　DL1：表示预制叠合梁,编号为 1。

【例】　DLL3：表示预制叠合连梁,编号为 3。

（3）叠合楼板。叠合楼板命名规则如表 3-3 所示。

表 3-3　叠合楼板命名规则

叠合楼板类型	代号	序号
叠合楼面板	DLB	3
叠合屋面板	DWB	2
悬挑板为叠合板	DXB	1

【例】　DLB3：表示楼面板为叠合板，序号为 3。

【例】　DWB2：表示屋面板为叠合板，序号为 2。

【例】　DXB1：表示悬挑板为叠合板，序号为 1。

（4）预制楼梯。预制楼梯命名规则如表 3-4 所示。

表 3-4　预制楼梯命名规则

楼梯类型	编号
双跑楼梯	ST-aa-bb
剪刀楼梯	JT-aa-bb

【例】　ST-28-25：表示预制钢筋混凝土板式楼梯为双跑楼梯，层高为 2800mm，楼梯间净宽为 2500mm。

【例】　JT-29-26：表示预制钢筋混凝土板式楼梯为剪刀楼梯，层高 2900mm，楼梯间净宽为 2600mm。

（5）预制阳台板、空调板及女儿墙。预制阳台板、空调板及女儿墙命名规则如表 3-5 所示。

表 3-5　预制阳台板、空调板及女儿墙命名规则

预制构件类型	代号	序号
空调板	YKTB	2
阳台板	YYTB	3a
女儿墙	YNEQ	5

【例】　YKTB2：表示预制空调板，序号为 2。

【例】　YYTB3a：某工程有一块预制阳台板，与已编号的 YYTB3，除洞口位置外其他参数均相同，为方便起见，将该预制阳台板序号编为 3a。

【例】　YNEQ5：表示预制女儿墙，序号为 5。

3.1.2　预制构件现场存放要求和方法

1. 预制构件现场存放要求

（1）存放场地应平整坚实，并有排水措施。

（2）实行分区管理和信息化台账管理。

（3）应按预制构件品种、规格、型号、检验状态分类存放。产品标识应明确耐久，预埋吊

件朝上,标识向外。

（4）合理设置支点位置,并宜与起吊点位置一致。

（5）与清水混凝土面接触的垫块应采取防污染措施。

（6）预制构件多层叠放时,每层构件间的垫块应上下对齐;预制楼板、叠合板、阳台板和空调板等构件宜平放,叠放层数不宜超过6层。

（7）预制柱、预制梁等细长构件应平放,且用两条垫木支撑。

（8）预制内外墙板、挂板宜采用专用支架直立存放,构件薄弱部位和门窗洞口应采取防止变形、开裂的临时加固措施。

（9）物料储存要分门别类,按"先进先出"原则堆放物料,原材料需填写"物料卡"标识,并有相应台账、卡账以供查询。

（10）对因有批次规定特殊原因而不能混放的同一物料应分开摆放。物料储存要尽量做到"上小下大,上轻下重,不超安全高度"。物料不得直接置于地上,必要时加垫板、工字钢、木方或置于容器内,予以保护存放。物料要放置在指定区域,以免影响物料的收发管理。不良品与良品必须分仓或分区储存、管理,并做好相应标识。储存场地须适当保持通风、通气,以保证物料品质不发生变异。

2. 预制构件现场存放方法

装配式建筑施工中,材料种类繁多,根据不同的材料属性和特点,采用不同的储存方式,以确保材料的质量和有效性。

1）叠合楼板的放置

叠合楼板存储应放在指定的存放区域,存放区域地面应保证水平。叠合楼板须分型号码放,水平放置。第一层叠合楼板应放置在垫木上,保证桁架筋与垫木垂直,垫木距构件边500～800mm。层间用4块100mm×100mm×250mm的木方隔开,四角的4个木方平行于型钢放置,如图3-2所示,存放层数不宜大于6层,高度不超过1.5m。

图3-2　叠合楼板放置示例

2）墙板立放专用架存储

墙板采用立放专用架存储,采用柔性绑带或钢索固定避免刚性碰撞。墙板宽度小于4m时墙板下部垫2块100mm×100mm×250mm木方,两端距墙边300mm处各垫一块木方。墙板宽度大于4m或带门口洞时墙板下部垫3块100mm×100mm×250mm木方,两端距墙边300mm处各垫一块木方,墙体中心位置处垫一块,如图3-3所示。

图 3-3 墙板立放专用架存储

3）楼梯的存储

楼梯的存储应放在指定的存放区域,存放区域地面应保证水平。楼梯应分型号码放。折跑梯左右两端第二个、第三个踏步位置应垫 4 块 100mm×100mm×500mm 木方,距离前后两侧为 250mm,保证各层间木方水平投影重合,存放层数不宜大于 6 层,如图 3-4 所示。

图 3-4 楼梯的存储

4）梁的存储

梁存储应放在指定的存放区域,存放区域地面应保证水平,须分型号码放,水平放置。第一层梁应放置在垫木上,保证长度方向与垫木垂直,垫木距构件边 500～800mm,长度过长时应在中间间距 4m 放置一个垫木,根据构件长度和重量最高叠放 2 层。层间用 100mm×100mm 的木方隔开,保证各层间木方水平投影重合于垫木,如图 3-5 所示。

图 3-5 梁的存储

5）柱的存储

柱存储应放在指定的存放区域,存放区域地面应保证水平。柱须分型号码放,水平放置。第一层柱应放置在垫木上,保证长度方向与垫木垂直,垫木距构件边 500～800mm,长度过长时应在中间间距 4m 放置一个垫木,根据构件长度和重量最高叠放 3 层。层间用 100mm×100mm 的木方隔开,保证各层间木方水平投影重合于垫木,如图 3-6 所示。

图 3-6　柱的存储

3.2　构件吊装与临时支撑

《标准》对应内容			本书对应内容
职业功能	工作内容	技能要求	书内目录
1. 构件装配	1.2 构件吊装与临时支撑	1.2.1 能完成吊装机具与构件的连接和分离 1.2.2 能牵引缆风绳控制预制构件移动、悬停 1.2.3 能使用专用工具、材料临时固定预制构件 1.2.4 能搭设和拆除一般位置预制构件支撑体系	3.2.1 吊装机具的使用方法 3.2.2 缆风绳 3.2.3 预制构件临时固定 3.2.4 支撑体系

3.2.1　吊装机具的使用方法

吊具是一种用于吊装和搬运重物的工具或设备。根据不同的使用需求,吊具的种类也各不相同。

1. 钢丝绳成套吊具

钢丝绳成套吊具是一种常用的吊具,由钢丝绳和吊钩组成,如图 3-7 所示。其使用方法如下。

(1) 将钢丝绳穿过吊钩的孔洞,并确保绳索处于正确的工作位置。

(2) 将被吊物体的重量均匀分配到吊钩上。

(3) 利用起重机或其他设备提升或移动被吊物体。

2. 链条吊具

链条吊具是由链条和吊钩组成的吊具,如图 3-8 所示。其使用方法如下。

图 3-7　钢丝绳成套吊具

图 3-8　链条吊具

（1）将链条穿过吊钩,并确保链条的连接牢固。

（2）将被吊物体的重量均匀分配到吊钩上。

（3）利用起重机或其他设备提升或移动被吊物体。

3．电磁吊具

电磁吊具是一种利用电磁力吸附被吊物体的吊具,如图 3-9 所示。其使用方法如下。

（1）将电磁吊具的吊钩对准被吊物体,并确保吊钩与被吊物体接触牢固。

（2）打开电磁吊具的电源,使其产生足够的电磁力以吸附住被吊物体。

（3）利用起重机或其他设备提升或移动被吊物体。

（4）在放下被吊物体之后,务必关闭电磁吊具的电源。

4．真空吊具

真空吊具是一种利用负压吸附被吊物体的吊具,如图 3-10 所示。其使用方法如下。

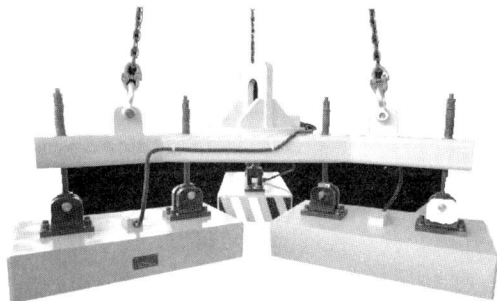

图 3-9　电磁吊具

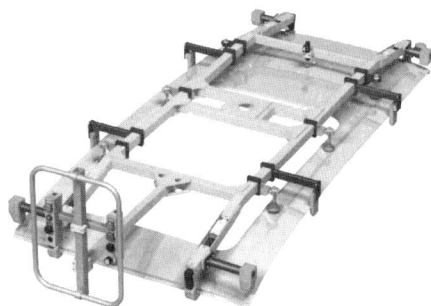

图 3-10　真空吊具

（1）将真空吊具的吸盘对准被吊物体，并确保吸盘与被吊物体接触牢固。

（2）打开真空吊具的真空泵，使其产生足够的负压以吸附住被吊物体。

（3）利用起重机或其他设备提升或移动被吊物体。

（4）在放下被吊物体之后，务必关闭真空吊具的真空泵。

5．气动吊具

气动吊具是一种利用气动力提升或搬运重物的吊具，如图 3-11 所示。其使用方法如下。

（1）将气动吊具的吊钩对准被吊物体，并确保吊钩与被吊物体接触牢固。

（2）打开气动吊具的气源，使其产生足够的气动力以提升或搬运被吊物体。

（3）利用起重机或其他设备控制气动吊具的升降或移动。

（4）在放下被吊物体之后，务必关闭气动吊具的气源。

6．吊索篮吊具

吊索篮吊具是一种利用吊索篮来吊运和搬运物体的吊具，如图 3-12 所示。其使用方法如下。

图 3-11　气动吊具

图 3-12　吊索篮吊具

（1）将吊索篮打开，并将被吊物体放入吊索篮中。

（2）利用起重机或其他设备提升或移动吊索篮。

（3）在放下被吊物体之后，务必将吊索篮放置到合适的位置，以确保被吊物体的平衡和安全。

7．吊装带

吊装带在使用前必须先试吊再起吊，选择吊点应与吊重中心在同一条铅垂线上，使用过程中，禁止吊装带打结或用打结的方法来连接，应采用专用连接件连接吊装带，如图 3-13 所示。

两根吊装带作业时，将两根吊装带直接挂入双钩内，吊装带各挂在双钩对称受力中心位置；四根吊装带使用时，每两根吊装带直接挂入双钩内，注意钩内吊装带不能产生重叠和相互挤压，吊装带要对称于吊钩受力中心，如图 3-14 所示。

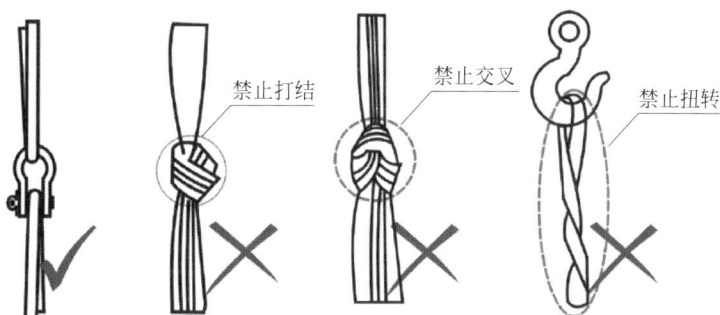

图 3-13　吊装带使用方法

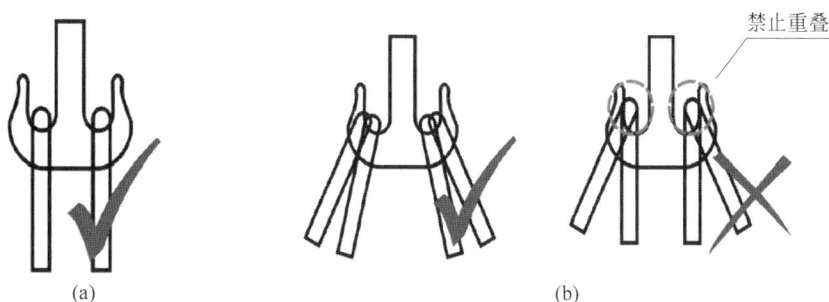

(a)　　　　　　　　　　　　　(b)

图 3-14　多根吊装带使用方法

（a）两根吊装带使用方法；（b）四根吊装带使用方法

　　吊装带使用时,将吊装带直接挂入吊钩受力中心位置,不能挂在吊钩钩尖部位,不能采用栓结方式进行环绕,如图 3-15 所示。吊装带及吊装带两端环套及金属配件必须保障必要的倾向角度,如表 3-6 所示。

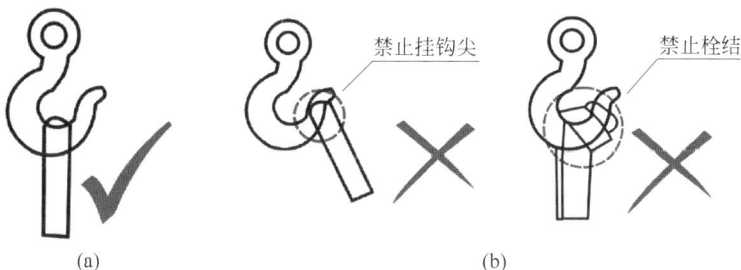

(a)　　　　　　　　　　　　　(b)

图 3-15　吊钩使用方法

（a）正确的吊钩使用方法；（b）错误的吊钩使用方法

吊装带使用注意事项如下。

（1）吊装带的极限工作荷载和使用范围以吊装带的试验数据为依据,严禁超载使用。

（2）不允许交叉或扭转使用吊装带,使用过程中,不允许打结、打拧。

（3）吊装带用肉眼看出已经损坏时不允许使用,在移动吊装带和货物时不允许拖拽。

（4）当物品有尖角、棱边时必须有保护措施,推荐采用护套或护角来保护吊装带。

（5）当物品吊装时,不允许吊装带悬挂货物时间过长,起吊过程中,严禁吊运的物品受到碰撞和冲击。

（6）起吊前检查吊装带索具的各连接件是否连接正确,吊运过程中应尽量保持平稳,被吊物品下面严禁站人或在其他物品上通过。

表 3-6　吊装带限制载重

吊装带规格	一根扁平吊装带的限制载重/kg					两根扁平吊装带的限制载重/kg			
	直拉	系住一头	编织物的倾向角度 β			直拉倾向角度 β		系住一头倾向角度 β	
			适用于 7°	7°~45°	45°~60°	7°~45°	45°~60°	7°~45°	45°~60°
	1.0*	0.8*	2.0*	1.4*	1.0*	1.4*	1.0*	1.12*	0.8*
1000kg(紫色)	1000	800	2000	1400	1000	1400	1000	1120	800
2000kg(绿色)	2000	1600	4000	2800	2000	2800	2000	2240	1600
3000kg(黄色)	3000	2400	6000	4200	3000	4200	3000	3360	2400
4000kg(灰色)	4000	3200	8000	5600	4000	5600	4000	4480	3200
5000kg(红色)	5000	4000	10000	7000	5000	7000	5000	5600	4000
6000kg(棕色)	6000	4800	12000	8400	6000	8400	6000	6720	4800
8000kg(蓝色)	8000	6400	16000	11200	8000	11200	8000	8960	6400
10000kg(橘色)	10000	8000	20000	14000	10000	14000	10000	11200	8000

注：1. 表中颜色标注便于使用时区分吊装带规格。

　　2. *代表承重系数。

（7）起吊时要注意不要使吊装带本体挂碰其他物体,以免损坏。

（8）加光导纤维的吊装带在使用前应进行检测,检测时在光导纤维的一端加光源辐射,另一端有明显光亮反应,表明吊装带内部无断丝;若无光亮反应,则表明吊装带内部出现断丝现象,应停止使用。

（9）对于 100t 以下小吨位吊装带在正常起吊情况下,可以重复起吊 500 次以上;对于 100~500t 大型吊装带在正常起吊情况下,可以重复起吊 300 次左右;对于 500t 以上特大型吊装带在正常起吊情况下,可以重复起吊 200 次左右。但是考虑到使用环境对吊装带所造成的损坏程度的不同,必须经过技术人员对吊装带进行详细检查来决定是否可以修复和继续使用。

图 3-16　栓接吊环

8. 栓接吊环

栓接吊环是一种通过螺栓将吊具固定在重物上的吊环,使用时,需要选择合适的螺栓和固定点,确保吊具的稳定。

使用前须确认吊环材质(如高强度合金钢)、额定荷载(≥构件重量 1.5 倍)及螺纹规格,清理螺栓孔并涂抹防松胶,如图 3-16 所示。吊装作业须垂直受力,通过多吊点对称布置与平衡梁分散荷载,禁止斜拉或侧向拖拽。

3.2.2　缆风绳

1. 缆风绳的分类

缆风绳是用于固定和稳定结构物,以防风害的一种绳索系统。

1) 根据其材质、结构和用途的不同,缆风绳可以分为多种类型,如图 3-17 所示。

(1) 钢丝绳缆风绳:是最常见的类型,具有强度高、耐磨损和可靠性好等优点。这种缆风绳由多股钢丝捻制而成,具有高强度和耐磨性,适用于承受较大张力的场合。

(2) 合成纤维绳缆风绳:采用聚酯、尼龙等合成纤维材料制成,具有良好的抗紫外线、耐腐蚀和轻便性,适合各种气象条件下使用。

(3) 编织绳缆风绳:通过手工或机械编织技术制成,具有一定的弹性和柔软性,适用于对柔性要求较高的场合。

(4) 复合缆风绳:结合两种或以上不同材料的优点,如钢丝芯包裹合成纤维外层,以达到更好的综合性能。

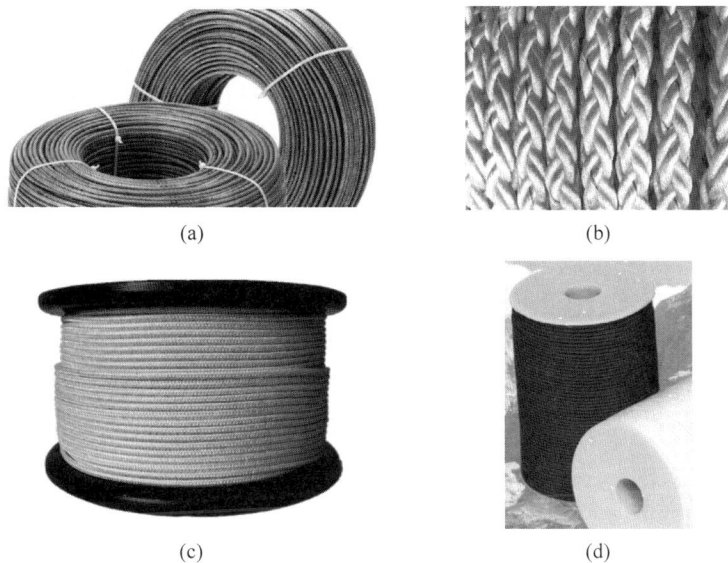

(a)　(b)

(c)　(d)

图 3-17　缆风绳

(a) 钢丝绳缆风绳;(b) 合成纤维绳缆风绳;(c) 编织绳缆风绳;(d) 复合缆风绳

2) 根据不同的应用场景和功能,缆风绳可以分为以下几类。

(1) 临时缆风绳:这种缆风绳通常用于建筑工地上的临时结构,例如,在安装或拆除高大设备(如塔吊)时,提供额外的稳定性。它们可能需要随着工程进度的不同阶段进行调整或重新布置。

(2) 永久缆风绳:用于长期固定的结构,如电线杆、通信塔、烟囱等,以抵抗风力和其他横向力。这种缆风绳通常设计为结构的一部分,并且在结构的整个使用寿命期间保持不变。

(3) 控制缆风绳:在吊装作业中,用于控制被吊物体的方向和平衡,通常由人力操控,可帮助工人在提升过程中精确控制负载的位置和旋转。

（4）主缆风绳：在桅杆式起重机的操作中，位于吊装垂线和桅杆轴线所决定的垂直平面内的缆风绳，对维持桅杆的稳定性和承载能力至关重要。

（5）辅助缆风绳：除了主缆风绳外，用于增加稳定性的其他缆风绳，它们可能分布在不同的角度和位置，以分散和平衡负载。

每种类型的缆风绳都有其特定的应用场景和优势，选择合适的缆风绳对于确保结构安全至关重要。在实际应用中，还需考虑环境因素、成本效益以及安装和维护的便利性。

2. 缆风绳的使用方法

（1）根据施工设计规定的型号、规格，选用符合要求的缆风绳、配套卸扣、花篮螺栓及专用夹具，预制构件须预埋专用吊环或采用夹具固定。

（2）施工时将缆风绳一端固定于构件吊环，另一端连接地面地锚或配重块，起吊时人工牵拉控制旋转与摆动，避免碰撞。

（3）临时固定时通过花篮螺栓张紧缆风绳，确保构件垂直度达标，复杂构件须对称设置多组缆风绳。

（4）安全操作，禁止超载、斜拉或直接缠绕构件棱角，须加橡胶垫防磨损。

（5）维护检查，每日查看钢丝绳磨损、夹具松动及吊环变形，拆除时按对称顺序逐步松卸，完成永久连接后再彻底移除。

3. 缆风绳的使用注意事项

使用缆风绳时，需要注意以下事项。

（1）应定期检查缆风绳。缆风绳是一种安全防护设备，应在每次使用前进行检查，确保缆风绳无损伤，在积累工时达到规定的使用时间后，也应该进行更换。在施工过程中，需要定期检查缆风绳的状态，确保其没有松动、断裂、变形等问题。如有异常，及时更换或修理。

（2）选择合适的缆风绳。不同类型的缆风绳适用于不同的高空作业环境。使用时需要根据具体情况选择合适的缆风绳，包括材质、直径、强度等方面，确保缆风绳能够承受施工现场的风力和荷载。

（3）避免缆风绳与其他设备搭接。为了避免缆风绳与其他设备相互干扰，应当尽可能选取单一的固定物，并与其他设备保持一定的距离。

（4）确定缆风绳的固定点。确定好缆风绳的固定点，通常是在装配式建筑的边缘或顶部。固定点要选择结实可靠的构件，确保缆风绳能够牢固地固定，如图 3-18 所示。

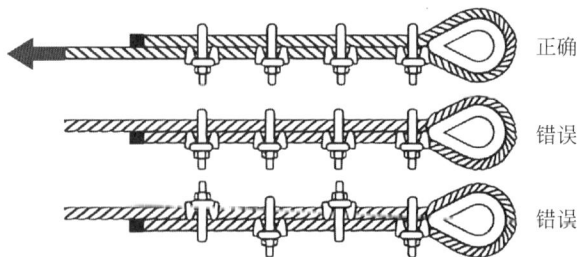

图 3-18 缆风绳的固定方法

（5）缆风绳的张紧度。缆风绳的张紧度要适中,过紧会给装配式建筑施工造成压力,过松则不能有效固定。需要根据实际情况进行调整,保持适当的张力。

（6）缆风绳的间距。缆风绳的间距要合理,一般建议在 1.5～2m。间距过大可能导致施工过程中的振动,间距过小可能影响施工材料和人员的通行。

（7）安全防护措施。在使用缆风绳时,要注意安全防护,避免人员或物体被缆风绳卷绕或撞击。施工现场应设置相应的警示标识,提醒人员注意安全。

以上是使用缆风绳的一些注意事项,通过合理选择和正确使用缆风绳,可以确保施工过程的安全和顺利。同时,根据实际情况和要求,还需要遵循相关的安全规定和操作规程。

3.2.3 预制构件临时固定

1. 预制柱临时固定

装配体系预制柱就位后,采用长短两条斜向支撑将预制柱临时固定。斜向支撑主要用于固定与调整预制柱体,确保预制柱安装垂直度,加强预制柱与主体结构的连接,确保灌浆和后浇混凝土浇筑时,柱体不产生位移。楼面斜支撑常规采用膨胀螺栓进行安装,安装时需根据安装处楼面板预埋管线及钢筋位置、板厚等因素综合考虑,避免损坏、打穿、打断楼板预埋线管、钢筋及其他预埋装置等,严禁打穿楼板。通过在结构基础上预埋地脚螺栓,并在螺栓上安装支撑底板,可以提高临时加固结构的底部平稳性。此外,设置垫块不仅能提高支撑底板与结构基础间的连接强度,还能用于调节支撑底板的角度,进而调整预制柱的位置,如图 3-19所示。

图 3-19 预制柱临时固定方法

斜支撑构造通过斜向布置的支撑杆或拉索,将水平力转化为斜支撑力,以此来提高结构的稳定性。斜支撑可以由钢筋混凝土、钢材或木材等材料制成,它们的一端固定在预制构件上,另一端通过锚固或其他固定方式连接到地面或其他支撑点,如图 3-20 所示。

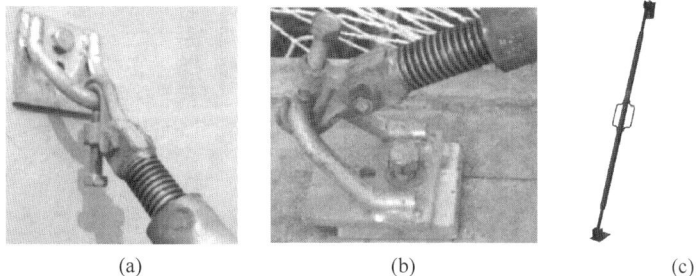

(a)   (b)   (c)

图 3-20 斜支撑固定

（a）上支撑连接处；（b）下支撑连接处；（c）可调节支撑

每个预制构件的临时支撑不宜少于 2 道。对预制柱的上部斜支撑,其支撑点距离底部的距离不宜小于高度的 2/3,且不应小于高度的 1/2。预制构件安装就位后,可通过临时支撑对构件的水平位置和垂直度进行微调。

2. 预制墙临时固定

预制墙的临时固定主要是指在预制墙体安装过程中,为了确保墙体的稳定性和位置正确,可使用临时支撑系统对其进行固定。这种固定借助七字码和斜支撑完成,以调整和维持预制墙板的垂直度和水平位置,临时固定措施的安装质量应符合施工方案的要求,确保施工安全。

1)七字码

七字码设置于预制墙体底部,主要用于加强预制墙体与主体结构的连接,确保灌浆和后浇混凝土浇筑时墙体不产生位移。每块墙板应安装不少于 2 个七字码,间距不大于 4m。七字码安装定位需注意避开预制墙板灌、出浆孔位置以免影响灌浆作业,楼面七字码安装时需根据安装处楼面板预埋管线及钢筋位置、板厚等因素进行综合考虑,避免损坏、打穿、打断楼板预埋线管、钢筋、其他预埋装置等,避免打穿楼板,如图 3-21 所示。

2)斜支撑

装配体系预制墙板(内墙板、外墙板)就位后,采用长短两条斜支撑将预制墙板临时固定。斜支撑主要用于固定与调整预制墙体,确保预制墙体安装垂直度,加强预制墙体与主体结构的连接,确保灌浆和后浇混凝土浇筑时墙体不产生位移,如图 3-22 所示。

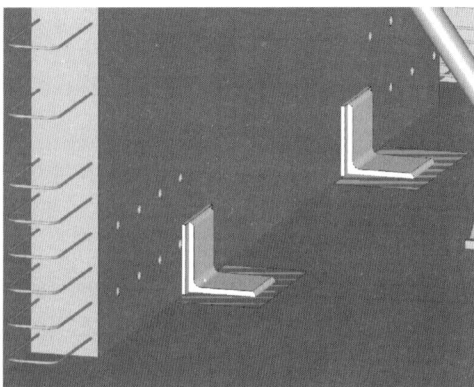

图 3-21 七字码

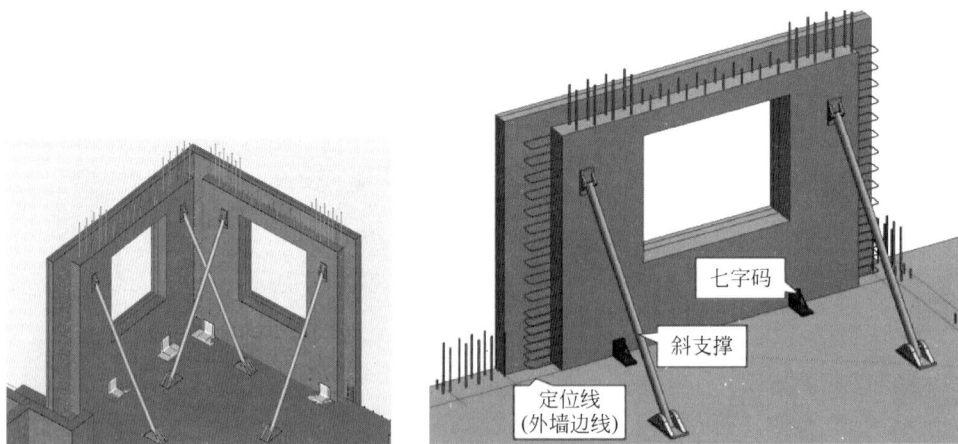

图 3-22 斜支撑设置

采用定位调节工具对预制墙板微调。调整短支撑以调节墙板位置,调整长支撑以调整墙板垂直度,用撬棍拨动墙板,用铅锤、靠尺校正墙板的位置和垂直度,并随时用检测尺进行检查。经检查预制墙板水平定位、标高及垂直度调整准确无误后紧固斜向支撑,卸去吊索卡环,如图 3-23 所示。

图 3-23 预制墙板校正

3. 墙板临时固定斜支撑示例

墙板落在平面准确位置后,利用预制墙板上的预埋螺栓和地面后置膨胀螺栓(将膨胀螺栓在环氧树脂内蘸一下,立即打入地面)安装斜支撑杆,使用水准仪复核其水平位置和标高无偏差后,放松吊钩调整墙体垂直度,借助经纬仪和检测尺调整墙体垂直度及复测墙顶标高,满足设计要求和规范限值后,紧固斜撑杆,调节螺栓固定墙体,松开吊钩,完成墙板装配临时固定。在调节斜撑杆时必须两名工人同时间、同方向进行操作,如图 3-24 所示。

图 3-24 支撑调节

3.2.4 支撑体系

施工前应编制支撑体系专项施工方案,并应经审核批准后方可实施。施工方案应包括:工程概况、编制依据、独立钢支柱支撑布置方案、施工部署、搭设与拆除、施工安全质量保证措施、计算书及相关图纸等,并应按照钢支撑上的荷载以及钢支撑容许承载力,计算钢支撑的间距和位置。搭设前,项目技术负责人应按专项施工方案的要求对现场管理人员和作业人员进行技术和安全作业交底;搭设场地应坚实、平整,底部应作找平夯实处理,地基承载力应满足受力要求,并应有可靠的排水措施,防止积水浸泡地基。独立钢支撑立柱搭设在地基土上时,应加设垫板,垫板应有足够的强度和支撑面积,垫板下如有空隙应予垫平垫实;专项施工方案及支撑平面布置图,应标出支撑点位置。

预制梁、板支撑体系是在预制梁、板施工过程中用于临时支撑的结构系统,主要作用是确保预制梁、板安装过程中的稳定性,防止梁的倾倒、断裂和结构变形。如图 3-25 所示。

图 3-25　预制钢梁平撑

装配式叠合梁支撑体系宜采用可调式独立钢支撑体系,支撑高度不宜大于 4m,如图 3-26 所示。当支撑高度大于 4m 时,宜采用满堂钢管支撑脚手架体系。

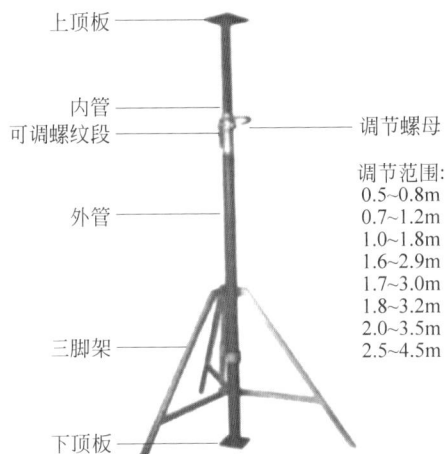

图 3-26　可调式独立钢支撑

支撑安装程序是先利用手柄将调节螺母旋至最低位置,将上管插入下管至接近所需的高度,然后将销插入位于调节螺母上方的调节孔内,把可调钢支顶移至工作位置,搭设支架上部工字钢梁,旋转调节螺母,调节支撑使工字钢梁上口标高至叠合梁底标高,待预制梁底支撑标高调整完毕后进行吊装作业。

3.3 课后思考题

一、选择题

1. 下列构件的宽度一般为600mm的是( )。
   A. 预制混凝土梁   B. 预制混凝土柱
   C. 叠合楼板   D. 预制混凝土墙板

   答案：C

2. 预制混凝土梁常用的截面高度不包括( )。
   A. 250mm   B. 300mm   C. 400mm   D. 650mm

   答案：D

3. 预制混凝土柱的截面尺寸一般不小于( )。
   A. 300mm×300mm   B. 400mm×400mm
   C. 500mm×500mm   D. 600mm×600mm

   答案：A

4. 预制墙板的分类不包括( )。
   A. 按材料分类   B. 按功能分类
   C. 按位置分类   D. 按颜色分类

   答案：D

5. 预制构件的命名规则中,表示预制外墙的代码是( )。
   A. YWQ   B. DL   C. DLB   D. ST

   答案：A

6. 预制叠合梁的命名代码是( )。
   A. DL   B. DLL   C. DLB   D. DXB

   答案：A

7. 预制叠合楼板的命名代码是( )。
   A. DLB   B. DWB   C. DXB   D. YWQ

   答案：A

8. 预制楼梯的命名代码中,表示双跑楼梯的是( )。
   A. ST   B. JT   C. ST-xx-xx   D. JT-xx-xx

   答案：C

9. 预制阳台板、空调板及女儿墙的命名规则通常不包括( )。
   A. 阳台板的长度   B. 阳台板的宽度
   C. 阳台板的厚度   D. 阳台板的序号

   答案：C

10. 预制构件的检验通常不包括( )。
    A. 尺寸检验   B. 强度检验
    C. 颜色检验   D. 外观质量检验

    答案：C

11. 预制构件现场存放时,应采取(　　)措施防止变形。

    A. 垫木支撑　　　　　　　　　　　　B. 直接堆叠

    C. 露天存放　　　　　　　　　　　　D. 浸水保养

答案:A

12. 预制构件安装前,应检查(　　),确保与设计要求相符。

    A. 颜色　　　　　B. 重量　　　　　C. 尺寸和位置　　　　D. 材质

答案:C

13. 预制构件的临时固定通常使用(　　)方式。

    A. 焊接　　　　　B. 钢筋绑扎　　　　C. 螺栓连接　　　　D. 黏合剂

答案:C

14. 预制构件的最终固定应在(　　)进行。

    A. 安装前　　　　　　　　　　　　　B. 安装过程中

    C. 安装后立即进行　　　　　　　　　D. 安装后并经检查合格后

答案:D

15. 预制构件安装精度要求不包括(　　)。

    A. 平整度　　　　　B. 垂直度　　　　　C. 标高　　　　　D. 温度

答案:D

二、填空题

1. 预制混凝土梁梁底宽度一般为矩形梁高度的_____。

答案:$\frac{1}{2} \sim \frac{2}{3}$

2. 预制混凝土梁常用的截面高度为_____。

答案:250mm、300mm、350mm、400mm、450mm、500mm、550mm、600mm

3. 预制混凝土柱的截面尺寸一般为_____。

答案:300mm×300mm、350mm×350mm、400mm×400mm、450mm×450mm、500mm×500mm

4. 预制墙板按材料分类包括_____和_____。

答案:普通混凝土墙板、轻质混凝土墙板

5. 真空吊具利用_____吸附被吊物体。

答案:负压

6. 预制柱临时固定时,每个预制构件的临时支撑不宜少于_____道。

答案:2

7. 预制墙临时固定用的七字码,每块墙板应安装不少于2个,间距不大于_____m。

答案:4

8. 预制构件多层叠放时,对于预制楼板、叠合板、阳台板和空调板等构件,叠放层数不宜超过_____层。

答案:6

9. 独立钢支撑立柱搭设在地基上时,应加设垫板,垫板下如有空隙应_____。

答案:垫平垫实

10. 使用吊具时,不允许交叉或_____使用吊装带,防止出现安全隐患。

答案：扭转

11. 预制构件现场存放时,对因有批次规定等特殊原因而不能混放的同一物料,应_____摆放。

答案：分开

12. 可调式独立钢支撑体系施工时,支撑应_____安装,尽量避免受负荷载,以保障支撑效果和施工安全。

答案：垂直

13. 预制构件安装精度要求包括_____、_____和_____。

答案：平整度、垂直度、标高

14. 预制构件安装时应避免_____。

答案：温度变化引起的变形

15. 预制构件的连接方式包括_____、_____和_____。

答案：焊接、螺栓连接、黏合剂

三、思考题

1. 请简述预制柱临时固定的主要方法与注意事项。

答案：（1）主要方法

在预制柱的两侧或多侧安装斜支撑,斜支撑一端连接在预制柱的特定位置,如柱身上的预留孔或预埋件,另一端固定在基础或楼面的预埋件上。通过调节斜支撑的长度和角度,使预制柱保持垂直状态并固定。

（2）注意事项

斜支撑的固定点应尽量靠近柱顶和柱底,每个预制构件的临时支撑不宜少于2道。对预制柱的上部斜撑,其支撑点距离底部的距离不宜小于高度的2/3,且不应小于高度的1/2,与柱身的夹角不宜过大或过小,通常在45°~60°。预制构件安装就位后,可通过临时支撑对构件的水平位置和垂直度进行微调。

2. 请简述预制墙临时固定的主要方法与注意事项。

答案：（1）主要方法

在预制墙的两侧或单侧设置斜支撑。斜支撑一端通过预埋件或专用连接件与预制墙连接,另一端固定在楼地面的预埋件上,通过调节斜支撑的长度和角度,使预制墙达到垂直且稳定的状态。每块预制墙板需安装不少于2个七字码,且间距不得大于4m。安装时,要特别注意避开预制墙板的灌、出浆孔位置,以防对后续灌浆作业造成影响。

（2）注意事项

实时监测预制墙的垂直度、平整度以及水平位置偏差。一旦发现偏差,及时通过调整斜支撑、拉杆或楔子等方式进行纠正,确保预制墙的安装精度严格符合设计和规范要求。

第**4**章

节 点 连 接

4.1 钢筋绑扎

《标准》对应内容			本书对应内容
职业功能	工作内容	技能要求	书内目录
2. 节点连接	2.1 钢筋绑扎	2.1.1 能查验连接钢筋的品种、规格和数量 2.1.2 能对叠合构件现浇区域进行钢筋定位、绑扎	4.1.1 钢筋 4.1.2 钢筋绑扎连接知识 4.1.3 钢筋保护层定位

4.1.1 钢筋

1. 钢筋规格

钢筋是常用建筑材料,横截面为圆形,有时带有肋或刻痕,其外形分为光圆钢筋和变形钢筋两种,交货状态为直条钢筋和盘圆钢筋两种,如图 4-1、图 4-2 所示。

图 4-1 直条钢筋

图 4-2 盘圆钢筋

2．钢筋分类

1）按直径大小分

按照直径大小，钢筋可分为钢丝（直径 3～5mm）、细钢筋（直径 6～10mm）、粗钢筋（直径大于 22mm）。

2）按力学性能分

按力学性能，钢筋可分为 HPB235 级钢筋（Ⅰ级）、HRB335 级钢筋（Ⅱ级）、HRB400 级钢筋（Ⅲ级）、RRB400 级钢筋（Ⅳ级）。

3）按生产工艺分

按生产工艺，钢筋可分为热轧钢筋、冷轧钢筋、冷拉钢筋，还有Ⅳ级钢筋经热处理而成的热处理钢筋，强度比前者更高。

4）按在结构中的作用分

配置在钢筋混凝土结构中的钢筋，如图 4-3 所示，按其在结构中的作用可分为下列几种。

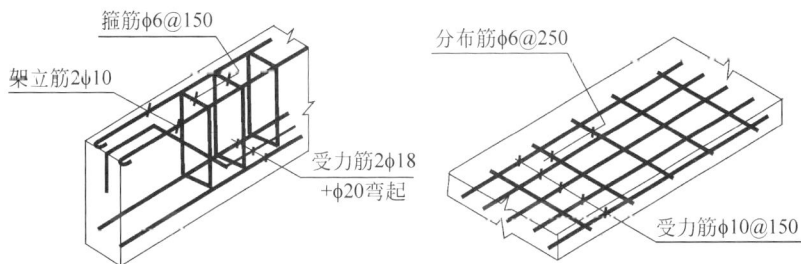

图 4-3 钢筋混凝土结构中的钢筋

（1）受力筋。承受拉、压应力的钢筋。

（2）箍筋。承受一部分斜拉应力，并固定受力筋的位置，多用于梁和柱内。

（3）架立筋。用以固定梁内钢筋的位置，构成梁内的钢筋骨架。

（4）分布筋。用于屋面板、楼板内，与板的受力筋垂直布置，将结构承受的重量均匀地传给受力筋，并固定受力筋的位置，抵抗热胀冷缩所引起的温度变形。

（5）其他。因构件构造要求或施工安装需要而配置的构造筋，如腰筋、预埋锚固筋、预应力筋、环等。

5）按轧制外形分

按轧制外形，钢筋分为圆筋、扭转筋、带肋筋，如图 4-4 所示。带肋筋又有螺旋形、人字形和月牙形三种，如图 4-5 所示。

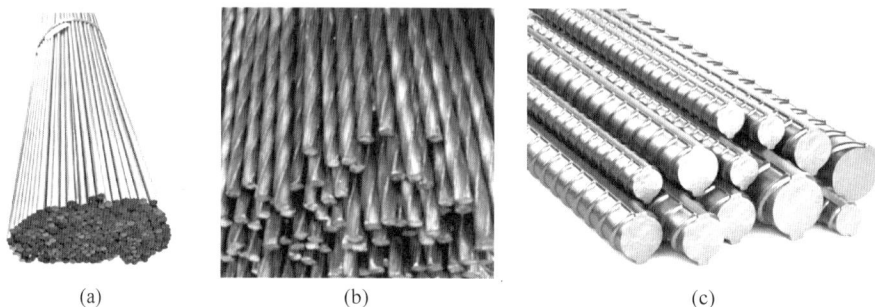

图 4-4　钢筋按外形分类

（a）圆筋；（b）扭转筋；（c）带肋筋

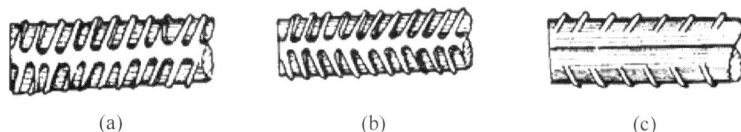

图 4-5　带肋筋

（a）螺旋形钢筋；（b）人字形钢筋；（c）月牙形钢筋

3．钢筋型号标识

钢筋型号是对不同规格、材质的钢筋进行标识和分类的方法，如表 4-1 所示。钢筋型号通常由字母、数字、符号等组合表示，具体的标注方法可以根据不同的国家或地区的标准来确定。

表 4-1　钢筋型号标识符号

强度等级代号	外形	钢种	公称直径/mm	符号（等级）	主要用途	常用材料
HPB235	光圆	低碳钢	8～20	ϕ	非预应力	Q235
HRB335	月牙肋	合金钢	6～50	ϕ	非预应力、预应力	20MnSi
HRB400			6～50	ϕ		25MnSi
RRB400			6～50	ϕ^{R}	预应力	40Si2MnV

4. 箍筋标注方法

箍筋是建筑工程中常用的一种钢筋,主要用于钢筋混凝土结构中,以增强构件的抗剪强度,与受力主筋共同组成钢筋骨架。箍筋的形式多样,包括单肢箍筋、开口矩形箍筋、封闭矩形箍筋、菱形箍筋、多边形箍筋、井字形箍筋和圆形箍筋等,如图 4-6 所示。箍筋的设置是根据结构计算确定的,其最小直径与梁高有关,以确保结构的安全性和可靠性。

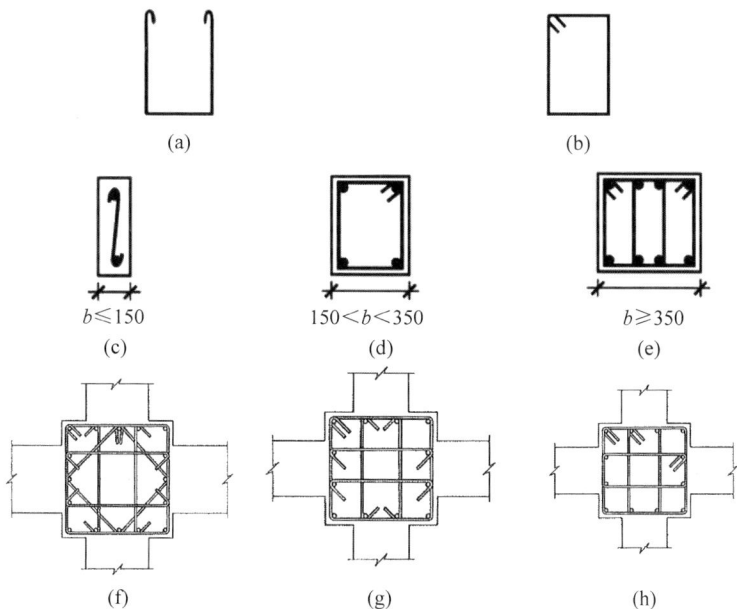

图 4-6 箍筋

(a) 开口矩形箍筋;(b) 封闭矩形箍筋;(c) 单肢箍筋;(d) 双肢箍筋;(e) 四肢箍筋;
(f) 菱形箍筋;(g) 复合箍筋;(h) 井字形箍筋

1)基本符号含义

(1)ϕ:表示钢筋等级和直径的符号。

(2)@:表示相邻钢筋中心距的符号。

(3)/:用于分隔不同间距或肢数的箍筋。

(4)(z):表示箍筋的肢数。

2)箍筋标注示例

(1)$\phi 10@100/200(2)$表示箍筋为$\phi 10$,加密区间距 100mm,非加密区间距 200mm,全为双肢箍。

(2)$\phi 10@100/200(4)$表示箍筋为$\phi 10$,加密区间距 100mm,非加密区间距 200mm,全为四肢箍。

(3)$\phi 8@200(2)$表示箍筋为$\phi 8$,间距为 200mm,双肢箍。

(4)$\phi 8@100(4)/150(2)$表示箍筋为$\phi 8$,加密区间距 100mm,四肢箍,非加密区间距 150mm,双肢箍。

以上是钢筋型号标注方法的一些常见方式,在施工中,正确标注钢筋规格和型号是保证结构安全和质量的重要环节。

4.1.2　钢筋绑扎连接知识

钢筋绑扎是建筑施工中非常重要的一项工作,它直接影响到混凝土结构的强度和质量。正确的钢筋绑扎可以确保建筑物在使用过程中不会出现裂缝、变形的情况。

1. 绑扎流程

1)准备工作

在进行钢筋绑扎之前,需要准备好所需的材料和工具。常用的材料包括钢筋、扎丝,工具主要有钢筋剪、扎钩、钢筋弯曲机等,确保材料和工具的质量良好,以保证绑扎的效果。

2)测量定位

根据设计图纸和施工要求,使用测量工具对需要绑扎的钢筋进行测量和定位,根据测量结果,确定钢筋的长度和位置并进行标记,为后续的绑扎工作做好准备。

3)钢筋切割

根据测量结果和标记,使用钢筋剪对钢筋进行切割。根据需要,将钢筋剪断成符合要求的长度,以便于后续的绑扎和安装。

4)钢筋弯曲

根据设计要求,使用钢筋弯曲机对部分钢筋进行弯曲处理。通过调整弯曲机的角度和力度,使钢筋达到设计要求的曲线形状,以适应混凝土结构的需要。

5)钢筋布置

根据设计图纸,将切割好的钢筋按照预定的位置和间距进行布置。保持钢筋的水平和垂直,确保其与混凝土结构的连接牢固和稳定。

6)钢筋绑扎

使用扎丝对钢筋进行绑扎。将扎丝穿过钢筋交叉的位置,用扎钩将其紧固,确保钢筋之间的连接紧密。

7)检查验收

完成钢筋绑扎后,进行验收和检查工作。检查钢筋的布置是否符合要求,绑扎是否牢固,是否存在缺陷或错误。如有问题,及时进行修正和调整,确保钢筋绑扎的质量和安全性。

8)保护措施

完成钢筋绑扎后,需要对钢筋进行保护,防止踩踏、重物等外界影响导致的错位和变形。

2. 钢筋绑扎

1)钢筋网片绑扎

钢筋的交叉点应使用20~22号扎丝绑扎。对于板和墙的钢筋网,除靠近外围两行钢筋的相交点应全部扎牢外,中间部分交叉点可间隔交替扎牢,但必须保证受力钢筋不产生位置偏移。在靠近外围两行钢筋的相交点最好按十字花扣绑扎;绑扣的方向应根据具体情况交错变化,以免网片朝一个方向歪扭。对于面积较大的网片,可适当地用钢筋作斜向拉结加固。双向受力的钢筋须将所有相交点全部扎牢,如图 4-7 所示。

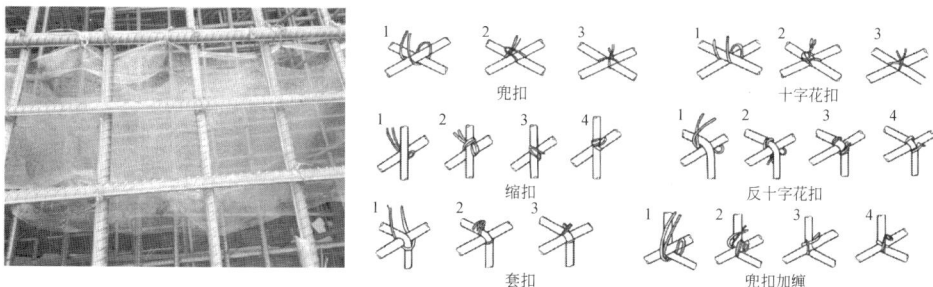

图 4-7　钢筋网片绑扎

2）梁和柱箍筋绑扎

梁和柱的箍筋应与受力钢筋保持垂直；箍筋弯钩叠合处应沿受力钢筋方向错开放置。其中，梁的箍筋弯钩应放在受压区，在个别情况下，例如，连续梁支座处，受压区在截面下部，若箍筋弯钩位于下面，有可能被钢筋压"开"时，应将箍筋弯钩放在受拉区（截面上部，即受力钢筋那一面），但应特别绑牢，必要时用电弧焊点焊几处。

3）构件交叉点钢筋绑扎

在构件交叉点，柱与梁、梁与梁以及框架和桁架节点处的杆件交会部位，钢筋纵横交错，极易在同一位置上出现碰撞情况，面对这种状况，务必在施工前的图纸审核阶段就加以解决。通常的处理措施为，依照规定的保护层厚度，将一个方向的钢筋安置在指定位置，通过调整保护层厚度，让另一个方向的钢筋避开冲突点。

4）钢筋位置的固定

钢筋安装位置应准确，施工时应使钢筋不出现位移，必要时预先设置相应的支架、垫块或垫筋加以固定。

5）钢筋保护层

保护层最小厚度（从受力钢筋外皮算起）应符合规定，且不应小于受力钢筋的直径。传统的做法是在现场利用水泥砂浆制作出一定厚度的垫块作为钢筋保护层。

钢筋绑扎是建筑施工中必不可少的一项工作。只有按照正确的步骤进行钢筋绑扎，才能确保建筑物结构的安全和稳定。通过准备工作、测量定位、钢筋切割、钢筋弯曲、钢筋布置、钢筋绑扎、检查验收和保护措施等步骤有序进行，可以有效提高钢筋绑扎的质量和效果。在实际操作中，施工人员应严格按照规范要求进行操作，确保每一道工序的准确性和安全性。通过科学合理的钢筋绑扎步骤，保证建筑物的结构强度和稳定性，为人们的生活和工作提供安全可靠的环境。

4.1.3　钢筋保护层定位

1. 现浇板钢筋保护层支垫方法

现浇板底钢筋保护层用垫块或卡凳支垫（图 4-8），间距不大于被支垫的钢筋 $50d$（d 为钢筋直径），梅点状设置。

现浇板钢筋绑扎前在模板上弹线（划线），按线绑扎，确保间距均匀一致、规范。

双层钢筋根据板厚用钢筋马凳支撑（图 4-9）。马凳筋一般在图纸上不标注，马凳筋钢筋一般比受力筋低一个规格。马凳筋的间距因现浇板厚、钢筋直径、布置间距等因素影响而不同，以承托上部钢筋不移位为目的。

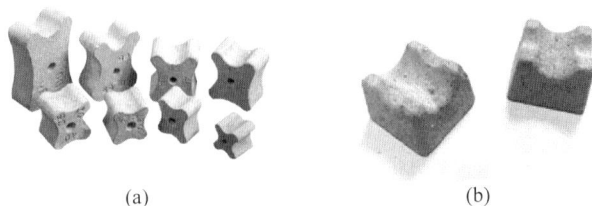

图 4-8　垫块与卡凳

（a）垫块示意图；（b）卡凳示意图

2. 墙内暗柱钢筋绑扎

为保证钢筋位置准确,柱子根据暗柱尺寸制作定型卡固定钢筋,控制保护层的厚度,如图 4-10 所示。

图 4-9　钢筋马凳示意图

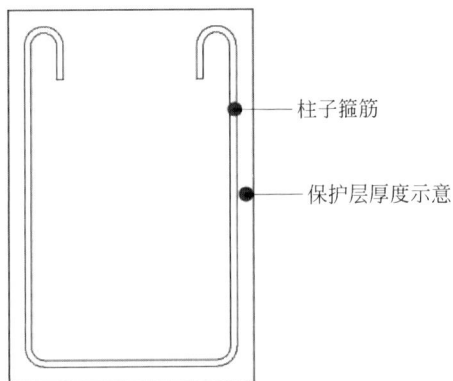

图 4-10　保护层厚度示意图

柱子箍筋

保护层厚度示意

3. 剪力墙钢筋加焊

剪力墙钢筋加焊φ12 同墙厚钢筋固定,控制保护层的厚度,保证钢筋双向间距准确,如图 4-11 所示。

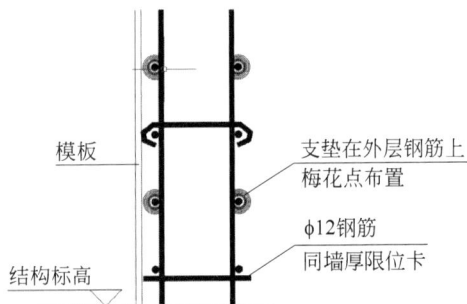

模板

结构标高

支垫在外层钢筋上梅花点布置

φ12钢筋同墙厚限位卡

图 4-11　剪力墙钢筋加焊示意图

4. 框架梁的保护层控制措施

对于钢筋混凝土框架梁底部钢筋保护层的施工,传统做法是在梁底纵向钢筋下部放置混凝土保护层垫块。然而,这种方法在梁高较大时很难保证侧壁的保护层。因此,可以将保护层垫圈与框架梁的钢筋骨架侧壁上的箍筋用卡扣安装,如图 4-12 所示。

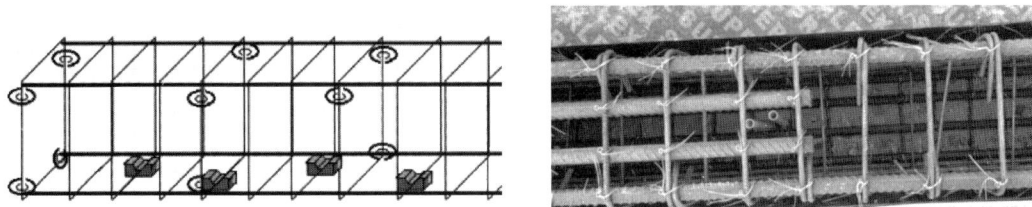

图 4-12 框架梁保护层支垫方法示意图

4.1.4 叠合构件现浇区域的钢筋定位、绑扎

1. 绑扎工具——扎钩

扎钩是绑扎钢筋的常用工具,如图 4-13 所示。绑扎钢筋时,首先将扎丝对折,在钢筋交叉处将扎丝从对角位置绕住钢筋,然后用扎钩钩住扎丝的对折一端,如图 4-14 所示,再将另一端扎丝缠绕在扎钩上,如图 4-15 所示,随后旋拧扎钩,将扎丝扎紧,如图 4-16 所示。

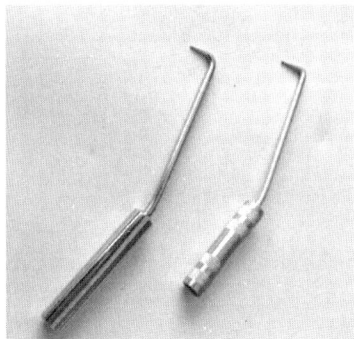

图 4-13 扎钩展示图

图 4-14 扎钩使用——扎钩钩住扎丝

图 4-15 扎钩使用——缠绕扎丝

图 4-16 扎钩使用——旋拧扎钩

2. 扎丝

扎丝是用来绑扎钢筋的镀锌钢丝,常用 18～22 号扎丝,交叉点宜采用 20～22 号扎丝,如图 4-17 所示。钢筋工程中常用扎丝将钢筋在交叉点处绑扎,使其形成整体的钢筋网片或钢筋笼。

3. 梅花垫块

梅花形垫块是一种用于控制构件钢筋混凝土保护层的材料,由于其呈梅花状,故而得名,如图 4-18 所示。不同型号梅花形垫块的大小和厚度不同,使用时应结合需求选用。使用时,梅花形垫块可卧式放置也可立式放置,工程上以立式放置居多。

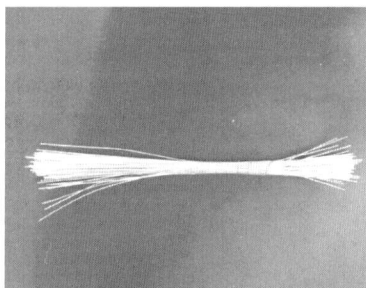

图 4-17　扎丝　　　　图 4-18　梅花垫块使用示意图

4. 钢筋绑扎

1) 放置垫块

为了准确设置叠合板底层钢筋的保护层,需要在摆放底层钢筋前放置保护层垫块。根据钢筋混凝土结构的构造要求,当楼板混凝土等级不低于 C30 时,楼板构件的混凝土保护层厚度取 15mm。因此叠合板选用 15mm 厚的梅花形垫块。放置时垫块位置应满足要求,一般每间隔 500mm 左右放置。垫块应对齐放置,并与钢筋布置位置相匹配。

2) 钢筋摆放与绑扎

根据图纸要求按顺序依次摆放钢筋。先摆放水平钢筋,再摆放竖向钢筋,最后摆放桁架筋和吊点附加筋。

钢筋摆放完成后,应使用扎钩和扎丝对钢筋进行绑扎。底层钢筋四周最外一排应按各交叉点逐一绑扎,中间各交叉点间隔 600mm 梅花形绑扎。绑扎时须严格控制钢筋网片各交叉点间的尺寸,并严格控制钢筋外露长度,如图 4-19 所示。

3) 钢筋绑扎质量检验

钢筋绑扎完成后,需对钢筋摆放与绑扎质量进行检验。质检应遵循表 4-2 的要求。质检完成后应根据检验结果填写《构件制作——钢筋绑扎质量检查表》,如表 4-3 所示,可参照表 4-4 填写。

图 4-19　钢筋摆放与绑扎

表 4-2　钢筋成品的允许偏差和检验方法

项　目		允许偏差/mm	检验方法
钢筋网片	长、宽	±5	钢尺检查
	网眼尺寸	±10	钢尺量连续三挡,取最大值
	对角线	5	钢尺检查
	端头不齐	5	钢尺检查
钢筋骨架	长	0,−5	钢尺检查
	宽	±5	钢尺检查
	高(厚)	±5	钢尺检查
	主筋间距	±10	钢尺量两端、中间各一点,取最大值
	主筋排距	±5	钢尺量两端、中间各一点,取最大值
	箍筋间距	±10	钢尺量连续三挡,取最大值
	弯起点位置	15	钢尺检查
	端头不齐	5	钢尺检查
	保护层　柱、梁	±5	钢尺检查
	保护层　板、墙	±3	钢尺检查

表 4-3　构件制作——钢筋绑扎质量检查表

构件名称			检查日期			
序号	钢筋绑扎质量检验	检查项目	允许偏差/mm	设计值/mm	实测值/mm	判定
1		钢筋型号及数量	—			
2		绑扎处是否牢固	—			
3		钢筋间距	(10,−10)			
4		外露钢筋长度	(10,0)			

检验结果:

质量负责人:　　　　　　　　　　　　　　　　　　　　　　　　　　　质检员:

表 4-4 《构件制作——钢筋绑扎质量检查表》填写示例

构件名称		PCB1 2021.11.17		检查日期	2021.11.17	
序号		检查项目	允许偏差/mm	设计值/mm	实测值/mm	判定
1	钢筋绑扎 质量检验	钢筋型号及数量	—	准确	准确	合格
2		绑扎处是否牢固	—	牢固	牢固	合格
3		钢筋间距	(10, −10)	150	146	合格
4		外漏钢筋长度	(10, 0)	290/90	292/91	合格

检验结果:

合格

质量负责人:×××   质检员:×××

4.2 钢筋连接

《标准》对应内容			本书对应内容
职业功能	工作内容	技能要求	书内目录
2. 节点连接	2.2 钢筋连接	2.2.1 能按规定存放灌浆料和座浆料 2.2.2 能按配比称量材料 2.2.3 能使用灌浆设备灌注灌浆料拌和物 2.2.4 能完成钢筋机械连接	4.2.1 灌浆料和座浆料存放环境要求 4.2.2 称量仪器使用方法 4.2.3 灌浆设备使用方法 4.2.4 钢筋机械连接方法

4.2.1 灌浆料和座浆料存放环境要求

1. 灌浆料存放环境要求

灌浆料是一种用于填充空隙、加固结构的材料。为了确保灌浆料的质量和性能,在储存过程中需要注意以下条件和要求。

1) 温度

储存温度是影响灌浆料质量的重要因素之一。一般来说,灌浆料应储存在阴凉干燥的环境中,避免与阳光直接接触。温度过高会导致灌浆料变质,失去原有的性能,甚至无法使用。因此,灌浆料储存区域应保持适宜的温度,一般控制在 5～35℃。

2）湿度和通风

除了温度,灌浆料的储存条件还包括相对湿度和通风。相对湿度过高会导致灌浆料吸湿、结块,从而影响其使用效果。因此,储存区域应保持相对湿度在 $50\%\sim70\%$ 的范围内。同时,灌浆料储存区域应具备良好的通风条件,以保证空气流通,防止潮湿和异味的积聚。

3）包装和密封

灌浆料的储存条件还包括包装和密封。包装是确保灌浆料长期储存的重要环节。合适的包装可以有效防止灌浆料受潮、变质。灌浆料通常采用防水袋或桶进行包装,以防止湿气渗透,影响其性能。在包装过程中,应严格按照生产厂家的要求进行操作,确保包装的完整性和密封性。包装上应清楚标明产品名称、生产日期、保质期、使用说明等信息,以便于识别和管理。

4）防火和防爆

灌浆料储存条件还涉及防火和防爆。灌浆料中的某些成分具有易燃易爆特性,因此在储存过程中需要注意防火和防爆。储存灌浆料的地方应远离所有火源,包括明火、电火花、静电火花等,以避免引燃可能存在的可燃物质;确保灌浆料与易燃材料分开存放,避免混合存储,以减少潜在的火灾隐患;保持存储区域的良好通风,有助于降低可燃气体或粉尘的浓度,减少火灾风险。

如果灌浆料是易燃易爆的,还应采取相应的防爆措施,如使用防爆灯具、防爆电气设备等。存储区域应配备足够的消防设备,如灭火器、消防栓和烟雾报警器等,以便在火灾初发时能够迅速作出响应。

5）储存时间

灌浆料的储存时间也是需要考虑的因素。一般来说,长时间储存可能会导致灌浆料发生质量变化,从而影响其使用效果。因此,灌浆料应注意及时使用,避免长时间储存。

灌浆料的储存条件对于保证其质量和性能至关重要。在储存过程中,温度、相对湿度、通风、包装和密封等因素都需要充分考虑和控制。只有保证了适宜的储存条件,才能确保灌浆料在使用时发挥最佳效果,提高工程质量和安全性。

2. 座浆料存放环境要求

座浆料是灌浆料的一种,由水泥作为结合剂,高强度细骨料、复合膨胀剂、减水剂等掺合料以及其他外加复合材料组成的水泥基干混料,具有早强、高强度、微膨胀、无收缩、不流挂、易施工等性能,加水搅拌后具有触变性、可塑性、硬化性、保水性的优点。座浆料的使用可以避免其他材料流动性过大、施工不易、颗粒太粗、黏结性差、泌水严重、开裂爆仓等现象,如表 4-5 所示。

表 4-5 座浆料参数指标

检 验 项 目	性能指标	
	Ⅰ类	Ⅱ类
跳桌流动度/mm	$150\sim220$	
保水率/%	≥88	
凝结时间/min	$60\sim240$	

续表

检验项目		性能指标	
		Ⅰ类	Ⅱ类
抗压强度/MPa	1d	≥20	≥30
	3d	≥35	≥50
	28d	≥60	≥80
竖向膨胀率/%	24h	0.02~0.3	
氯离子/%		≤0.03	

注:装配式混凝土建筑工程座浆施工宜选用Ⅰ类座浆料,预制拼装墩台和高层装配式混凝土建筑工程座浆施工应选用Ⅱ类座浆料。

座浆料主要应用于装配式预制构件连接缝处的分仓、封仓或垫层。座浆料的存放环境要求如下。

1)防潮防湿

需要采取适当的防潮措施,确保座浆料不会吸收空气中的湿气。

(1)使用防水材料包装座浆料,如防水复合纸袋或塑料膜,确保包装密封,防止湿气侵入,开封后的座浆料应立即使用,如果不能立即使用,应重新密封以保持干燥。

(2)将座浆料储存在室内,避免露天存放,以减少水分直接接触的机会。

(3)使用防潮垫或托盘放置座浆料包,避免直接接触地面。

2)通风良好

存放区域应保持良好的通风,以避免湿气积聚,保持稳定的温度环境。

(1)利用门窗等自然开口,确保空气可以自由流通。在天气允许的情况下,定期开窗换气,尤其是在潮湿季节,以减少空气中的湿气含量。

(2)如果自然通风不足以提供所需空气质量,可以安装风扇或抽风机等机械通风设备,以强制空气循环,保持空气新鲜。

(3)在一些特殊环境下,可能需要使用带有过滤系统的通风设备,以清除空气中的灰尘和颗粒物,保持存储区域的清洁。

3)温度控制

温度对座浆料的影响主要体现在其化学活性、流动性、硬化速度等方面。

(1)通常建议的存储温度为5~30℃。这个范围有助于保持座浆料的化学稳定性,避免过早硬化或失去流动性。

(2)在寒冷的冬季,可能需要对存储区域进行适当的加热,以防止温度降至5℃以下。而在炎热的夏季,则需要采取措施来冷却存储环境,避免温度超过30℃。

4)防尘防污染

存放区应避免尘土和污染物,这些杂质可能会影响座浆料的纯度和最终的使用效果。

(1)保持存储区域干净整洁,定期清扫地面和周围环境,减少灰尘和污染物的积累。

(2)将座浆料与其他可能造成污染的物品分开存放,尤其是化学品、油品或其他腐蚀性物质。

(3)如果在同一仓库内存放多种建筑材料,应确保它们之间有足够的间距,避免不同材料之间的交叉污染。

（4）对于已经打开但未使用的座浆料,使用防尘布或塑料膜覆盖,防止空气中飘浮的尘埃和杂质进入。

（5）存储区域入口处设置防尘帘或风幕,减少外部灰尘的进入。

5）有效期管理

未开封的座浆料保质期通常为 3～6 个月,针对不同厂家做好有效期管理。

4.2.2 称量仪器使用方法

1. 准备工作

将电子秤放置在平稳的工作面上,并进行校准,以确保零点准确。注意清洁电子秤的称量盘,应去除所有残留物。

2. 称量灌浆料

根据灌浆料的配比要求,使用电子秤称量所需的干粉料。例如,需要称量 20kg 高强灌浆料,应将电子秤调至零点后,逐渐加入干粉料,直至达到 20kg。

在混合时,先加水后加入干粉料,使用变速搅拌机搅拌均匀,直至浆料达到均匀无颗粒的状态。

3. 称量座浆料

称量座浆料时,先将电子秤调至零点,然后按照产品设计要求的用水量称量好拌和用水。使用水泥胶砂搅拌机拌和座浆料,按照规定的程序搅拌,以确保混合均匀。

4. 注意事项

（1）在电子秤进行称量时,不得在仪器周围进行其他操作,以免因干扰导致结果不准确。

（2）进行称量时,要确保被称量物品分布均匀,避免堆叠或重心不稳造成称量结果错误;在称量过程中,应避免快速加卸物料,以免影响称量的准确性。

（3）电子秤仅适用于非黏性物品的称重,对于液体和粉末物品的称量,要使用适当的称量器皿。

（4）如需进行连续称量,要间隔一定时间进行,以保证电子秤的正常工作和结果的准确性。

（5）在操作过程中,要时刻注意电子秤的运行状态,如发现异常情况（如噪声、烟雾等）,要立即停止使用,并通知维修人员进行处理。

（6）将电子秤放置在平稳的台面上,以保证称量的准确性和稳定性。

（7）电子秤应定期进行维护和保养,保持电子秤的正常工作状态。

5. 记录数据

称量完成后,应记录所使用的材料质量和水的体积,以便于追踪和质量控制。

6. 事故处理

（1）在操作中发生故障或事故时,要立即停止操作,并采取措施保护自己和他人的人身安全。

（2）在发现机器故障时，应及时通知相关人员进行维修或更换机器，不得继续使用故障机器。

（3）在操作中发生事故或人员受伤时，要及时上报，并采取措施进行紧急救治。

以上是电子秤操作规程的基本要点，用户在使用电子秤时应严格遵守相关规程，确保操作的安全性和正确性。

4.2.3　灌浆设备使用方法

灌浆设备的操作规程可以保障设备的安全运行，减少事故的发生。操作人员在操作前要做好准备工作，熟悉设备的操作流程和注意事项；操作过程中要随时注意设备的运行状态，调整参数；操作结束后及时清理设备，确保设备的干净整洁，并且要严格遵守安全注意事项，确保自己和他人的人身安全。

1.灌浆机

灌浆机，全称水泥灌浆泵，是一种专门用于混合和灌注水泥浆料的机器设备。它广泛应用于建筑、水利、地下铁道、地基处理等领域，主要用于填充、加固和修补各种混凝土结构，如桥梁、隧道、地下室、水利工程等。

图 4-20　灌浆机

灌浆机的工作原理主要是通过电机驱动的泵体，将水泥浆料从储罐中吸入，再通过管道输送到施工现场，如图 4-20 所示。在施工过程中，灌浆机将水泥砂浆或其他浆液灌入需要修补的部位，进行填充、黏结和加固，达到维护和修复的目的。

1）操作前准备

（1）根据工作要求选择合适的灌浆机设备，并检查设备是否完好。

（2）了解灌浆材料的性质和使用方法，并确保材料的质量符合要求。

（3）核对灌浆机的电源是否正常，接地是否良好，设备安全开关是否可靠。

（4）清理灌浆机的工作环境，确保周围无杂物，地面平整，通风良好。

（5）佩戴个人防护用品，如安全帽、防护眼镜、耳塞、防护手套等。

（6）确认操作人员已经接受过相关操作培训，并对设备的操作流程和注意事项充分了解。

2）操作步骤

（1）打开灌浆机的电源开关，并确保显示屏上显示正常。

（2）根据灌浆材料的要求，调节灌浆机的流量和压力，并确认设置无误后开始操作。

（3）将灌浆材料倒入灌浆机的料斗中，注意不要溢出。

（4）按下灌浆机的启动按钮，设备开始灌浆操作。

（5）操作时，要注意观察灌浆机的运行状态，并随时调整流量和压力。

（6）如果设备出现异常情况,如温度过高、压力不稳定等,应立即停止操作,并及时清理设备或者报修。

（7）操作结束后,首先关闭灌浆机的电源开关。

（8）清理灌浆机的各个部件,包括料斗、喷嘴、管道等,并将残留在设备中的灌浆材料清理干净。

（9）将设备归位,并妥善保管。

3）安全注意事项

（1）操作时要特别注意灌浆材料的飞溅和喷射,必须佩戴防护设备,防止材料溅入眼睛或皮肤。

（2）禁止在操作时临时拆卸或改变设备的结构,严禁操作人员随意调整设备的参数。

（3）操作前应检查设备是否有漏电现象,并确保设备接地良好。

（4）操作过程中,应保持设备周围的通风良好,避免因灌浆材料产生的有害气体对操作人员造成伤害。

（5）禁止用湿手操作电源和设备的开关按钮,以免发生触电事故。

（6）在清理设备时,要确保设备已经完全停止运行,并断开电源。

（7）未经允许,禁止未接受培训的人员随意操作灌浆机。

（8）禁止将非灌浆材料倒入设备中使用。

2. 双液注浆机

双液注浆机是一种采用两种液体混合后进行注浆的设备,在建筑工程、地下工程和水利工程等领域具有广泛的应用。其主要结构包括泵体、泵轴、活塞、密封圈、压力表、阀门等部分,工作原理主要是通过电动力驱动泵轴,使活塞在泵体内做往复运动,从而将浆液压缩输送到管道中,再通过管道将浆液注入地层或混凝土中,如图 4-21所示。

图 4-21　双液注浆机

（1）注浆机操作人员必须仔细阅读说明书,并熟悉机械结构,经培训合格后方可操作。

（2）注浆机应尽可能固定放置在水平位置,避免油管、吸浆管扭曲、打折,吸浆管尽量地缩短,其垂直距离不要超过 1m。

（3）检查油箱滤网,保持清洁,夏季使用 68 号液压油,冬季使用 46 号液压油,初次使用加液压油 45kg 左右。

（4）检查电压和电源连接,查看电动机、齿轮油泵外观及部件;手动盘动联轴与泵轴 3～5 圈,查看转动有无异响。

（5）将压力表开关打开,松开溢流阀调压手轮。

（6）将吸浆管放入清水中,以便试机。

（7）检查液压换向阀是否能控制油缸往复运动。

（8）一切准备工作无误后,启动电动机,将系统压力调到 1～2MPa,试运转 5min 左右,将混合器上的阀门关闭,将油压调到需要的注浆压力,然后关闭注浆机,准备正式注浆工作。

(9)打开混合器注浆阀门,先注水1min,再迅速将两根吸浆管放到浆液池内,实施正常的注浆作业。

(10)每次注浆完毕或中途较长时间停机,应立即将两个吸浆管转到清水池中,清洗泵内残存浆液,防止浆液凝固,确保再次开机正常注浆。

3. 高压水泥灌浆机

高压水泥灌浆机的主要结构包括电机、高压泵、注浆管、混合器等部分。工作时,电机驱动高压泵产生高压,将水泥浆或其他浆液通过注浆管输送到预定位置。混合器可以确保浆液均匀混合,以满足施工要求,如图4-22所示。

1)操作流程

第一步:注浆前试机

为保证注浆机工作顺利,工作前必须试机。

(1)检查油箱内液压油是否充足,如液位过低应及时添加符合规格的液压油。

(2)检查电机和油泵,手动盘动其部件,应能轻松转动数圈,无卡顿阻滞,如有异常及时排查。

(3)将注浆机压力表开关打开,溢流阀调压手轮松开。

(4)将吸浆管放入清水中以便试机,点动电机开关检查旋转方向是否正确。

图4-22 高压水泥灌浆机

(5)检查电液阀和行程开关通断是否正常。

(6)启动电机,将油压调至1~2MPa试运行3min后,将混合器放浆阀开启一定程度,将油压调至设定压力,然后停机,准备正式工作。

第二步:正式作业

(1)试机正常后,将两个吸浆龙头放入浆液中,实施正常注浆。

(2)为保护注浆钢筒及密封,水泥浆液进入吸浆筒前应先进行过滤,并在吸浆龙头上包钢丝滤网进行再次过滤。

(3)注浆作业时,要注意防止堵管发生。

第三步:注浆作业结束

(1)注浆完成后,立即将吸浆龙头放入清水中,注清水3min以上,清洗泵内及管道内残存浆液,防止残存浆液凝固。

(2)拆开吸、排液阀室及混合器,对其内部进行彻底清洗,特别是单向阀钢球及其结合面。在检查混合器时,若发现浆液压力表橡胶鼓膜破损的,要立即更换鼓膜,更换鼓膜后空腔内必须加满机油,然后拧紧压力表。

2)注意事项

(1)使用完毕后,泵和管道必须清洗干净,不得留有余灰。

(2)清理时应特别注意将球形阀处灰浆清洁干净,以保证球形阀正常工作。

(3)发现球形阀或活塞破裂或磨损时,应予以更换。

4. 螺杆灌浆泵

螺杆灌浆泵广泛用于公路、铁路隧道、城市地铁、水电站地下洞室等锚固灌注浆工程,大坝、边坡、软岩加固注浆工程,是锚固灌浆、固结灌浆、回填灌浆及帷幕灌浆等施工现场理想的现代化施工设备。

螺杆灌浆泵是高压注浆设备,集搅拌、灌浆于一体,又称为螺杆式注浆机、螺杆注浆一体机、搅拌一体灌浆泵。螺杆灌浆泵采用螺杆增压技术,施工效率高,操作简单,移动方便,适用于各种水泥砂浆的灌注加固工程,如图 4-23 所示。

图 4-23 螺杆灌浆泵

1) 螺杆灌浆泵启动前的检查和准备

(1) 螺杆灌浆泵应安放在平整坚实的地面上,并固定行走轮。按要求接好电源,并接地保护。

(2) 电控柜内电源开关应在断开位置。

(3) 检查减速机油位,正常油位应在减速机中心轴线以上,油位低于减速机中心轴线应补足油。

(4) 配套管道连接正确,各仪表显示准确;安全保护装置灵敏可靠。

2) 螺杆灌浆泵的启动

操作者做好启动前的检查和准备工作后,可以启动螺杆灌浆泵。

(1) 合上电源开关,电压表指示电源电压;电源电压应正常,若不正常,检查进线电压及相电压间的平衡。

(2) 点动电机灌浆按钮,检查电机的旋转方向是否正确,此时输送螺旋蜗杆应向前堆料,且增压定子总成摆动方向与设备标示方向一致;如与要求的相反,则应停机调换电源线(每变更一次总电源或重新接线时均需做此项检查)。

按灌浆按钮,输送螺旋应向前推料,可开始灌浆;按泄压按钮,输送螺旋应向后转动,使压力释放。

(3) 配套管道连接应正确,各仪表显示应准确,安全保护装置应灵敏可靠。

5. 单缸水泥注浆机

单缸水泥注浆机也称为单缸注浆机,是一种可以灌浆、灰浆、水泥浆输送、注浆灌浆作业的设备,可以加固地基、加固桥梁、防水堵漏,采用单缸活塞式结构,通过挤压将水泥浆注入地层中。它具有施工速度快、压力高、灌浆量大等特点,并且可以轻松应对各种复杂的地质条件,如软土地基、岩石层等,常被用在建筑工程、国防工程、市政工程、铁路公路隧道等工程中,如图 4-24 所示。在施工过程中,通过调节灌浆机的压力和流量,可以控制灌浆的量和压力,使水泥浆在地层中均匀扩散,达到预期的灌浆效果。

1) 单缸水泥注浆机的使用方法

(1) 水泥注浆机应安装在稳固的地基上,不能松动。

图 4-24　单杠水泥注浆机

（2）启动前检查。

① 检查：a. 各连接部位牢固；b. 电动机旋转方向正确；c. 离合器灵活可靠；d. 管路连接牢固，密封可靠，底阀灵活有效。

② 加注水油：吸水管、底阀及泵体内应注满引水，压力表缓冲器上端应注满油。

③ 操作活塞：启动前应使活塞反复运行两次，无阻梗时方可空载启动。启动后，应待机器运转正常，再逐步增加荷载。

（3）开机运转。

首先，用泵压送白灰膏作为管道的润滑；然后，打入较稀的砂浆（稠度在 120cm 以上），缓慢提高至所需稠度，以免管道堵塞，这对新管道的使用更为重要。使用时，应先开泵然后加灰浆。

（4）运转中，应时常测试水泥浆含砂量。水泥浆含砂量不得超过 10%。

（5）有多挡速度的泥浆泵，在每班运转中应将几挡速度分别运转，运转时间均不能少于 30min。

（6）机器在运转中不应变速，当需要变速时，应停泵换挡。

（7）当设备出现了异响或水量、压力不正常，或有明显温升时，应停泵检查。

（8）一般情况下，应在空载时停泵。停泵时间较长时，应全部打开孔，并松开缸盖，提起底阀杆，排出泵体及管道中的全部泥砂。

（9）设备工作时频繁意外停机，应清洗各部位的泥砂、油垢，将曲轴箱内润滑油放尽，并应采取防锈、防腐措施。

2）单杠水泥注浆机使用时注意事项

（1）注浆机尽可能固定放置在水平位置，避免油管、吸浆管扭曲、打折，吸浆管尽量缩短，其垂直距离不要超过 1m。

（2）使用时经常注意压力表的指示，如压力表无指示或超过压力后，安全装置不起作用时，应查明原因，清除故障后再启动。

（3）注意灰浆泵和电动机的运行是否正常，当发现任何故障时，应立即停机，打开卸荷阀使压力下降，排除故障。

（4）工作时应注意密封件的压紧部件，避免渗漏现象。如压紧仍有渗漏应视具体情况更换盘根或柱塞。

（5）搅拌后的水泥浆在进入泵前应测定稠密度，试验时将稠度计与浆面垂直，轻松放入，以自重下沉。

（6）每班结束停机时，必须立即泵送清水，清洗管道及泵内部，直至清洗干净，保证球阀、排浆口、吸浆口、卸荷阀清洁畅通。

6. 使用灌浆设备灌注灌浆料拌和物示例

1）计算灌浆料干料和用水量

灌浆料制作前，需要依据配合比计算灌浆料干料和水的用量。所需灌注浆液的区域，包括灌浆套筒内部空间和预制构件下方的灌浆腔内部空间。根据行业通用数据,注满单个灌浆套筒内部需要灌浆料约 0.4kg。通过统计灌浆套筒数量,即可得到注满所有灌浆套筒内部所需灌浆料的质量。预制构件下方的灌浆腔高度为 20mm,其长宽尺寸可通过图纸或用测量工具实地量取获得,从而可计算出预制构件下方灌浆腔的体积。结合行业通用数据,灌浆料密度约为 2300kg/m^3,即可计算出注满预制构件下方灌浆腔所需灌浆料的质量。将注满所有灌浆套筒内部预制构件下方灌浆腔所需灌浆料的质量求和,即可得到该构件灌浆料理论用量。

为了保证灌浆作业时灌浆料充足,行业的通用做法是实际制作的灌浆料需要在灌浆料理论用量的基础上预留出 10%的富余量,即实际用量是理论用量的 1.1 倍。再根据灌浆料原料的常用配比,水与灌浆料干料的质量比为 12:100,即可计算得出灌浆料干料和水的实际用量。

2）灌浆料制作

按照上步操作计算得到的灌浆料干料和水的用量,用电子秤配合量筒、不锈钢小盆等工具称量灌浆料干料和水。

原料称量完毕后,先将水倒入铁桶,然后加入 70%灌浆料干料,搅拌 2～3min,再加入剩余干料,搅拌 3～4min,直至底部无干料为止。搅拌应沿一个方向均匀进行,且总共搅拌时间不应少于 5min,如图 4-25 所示。

灌浆料搅拌完成后,需静置 2min 左右,确保浆内气体自然排出,方可进行下步操作。

图 4-25　搅拌灌浆料

3）流动度试验

用水湿润玻璃板,用抹布将玻璃板擦拭干净。然后将截锥试模放置在玻璃板中心,用勺子将拌制好的浆料倒入截锥试模,对浆料进行振捣密实并抹平表面。竖直提起截锥试模,观察浆料往四周扩散。待扩散停止后,测量浆料灰饼的最大直径。若所测直径大于等于300mm,则满足要求,浆料合格;若灰饼直径小于 300mm,则浆料不合格,需重新拌制。试验完成后填写灌浆料拌制记录表,如图 4-26 所示。

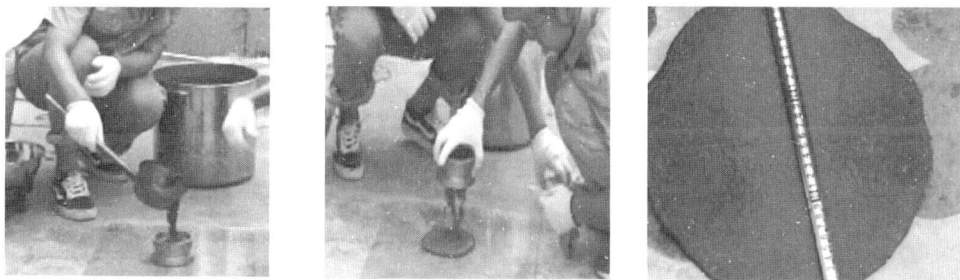

图 4-26　流动度试验

4）制作同条件试块

同条件试块是工程上用来监测灌浆料实时工作性能的重要材料。制作时,将静置完成的灌浆料倒入同条件试块专用模具中,经振捣抹面后,等待其凝结硬化后拆除专用模具即可。预制构件灌浆实操作业时,可根据实际情况决定是否要求制作同条件试块。

5)灌浆

灌浆前先湿润灌浆泵,防止灌浆料内水分被吸收。将适量水倒入灌浆泵中,然后启动灌浆泵,将水全部排出。灌浆泵湿润完成后,即可向灌浆泵内倒入灌浆料,如图4-27所示。开启灌浆泵,将前端的少量灌浆料排出。

选择合适的套筒灌浆孔进行灌浆。每个分仓区域只有一个灌浆孔,其余均为出浆孔。灌浆孔一旦选定,灌浆作业中途不得随意更换。

将灌浆泵的接头与灌浆孔连接,然后开启灌浆泵开始灌浆,如图4-28所示。灌浆作业应连续进行,中间不得停顿。待出浆孔稳定持续流出圆柱状浆料时,及时用橡胶锤和出浆管专用堵头对其进行封堵。所有出浆孔均封闭后,保压30s,保证其内部浆料充足。灌浆结束后灌浆泵口撤离灌浆孔时,也应立即对灌浆孔进行封堵。

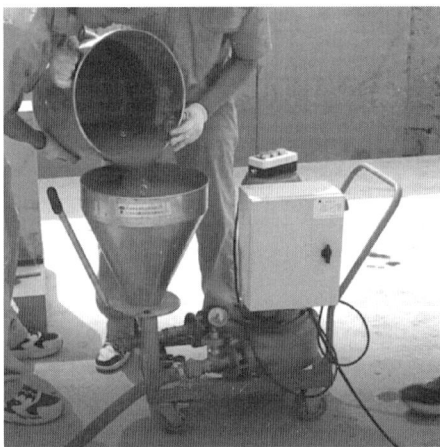

图 4-27　向灌浆泵内倒入灌浆料

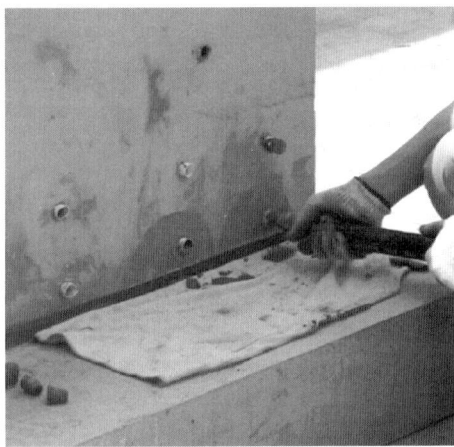

图 4-28　灌浆

所有灌浆仓均灌浆完毕后,实操人员应及时清理工作面,并称量剩余灌浆料的质量,记录称量结果。

4.2.4　钢筋机械连接方法

机械连接通过连贯于两根钢筋之间的套筒来实现钢筋的传力,是间接传力的一种形式。钢筋与套筒之间的传力可通过挤压变形的咬合、螺纹之间的啮合、灌注高强度胶凝材料的胶合等形式实现。机械连接是将两根钢筋通过一定的工艺操作,使其形成受力结构整体中的一部分。常用的机械连接方式有:螺纹套筒连接、套筒灌浆连接、浆锚搭接连接、径向挤压连接、轴向挤压连接、套筒挤压连接等。

1. 螺纹套筒连接

1)直螺纹连接

直螺纹连接是将两根钢筋分别用机械装置断套丝,再通过螺纹套筒进行连接。这种方式连接紧固力大,可以保证受力连续性和传递性,适用于大直径、高强度钢筋连接。但是,需要特殊加工和专业设备,施工难度较大,如图 4-29 所示。

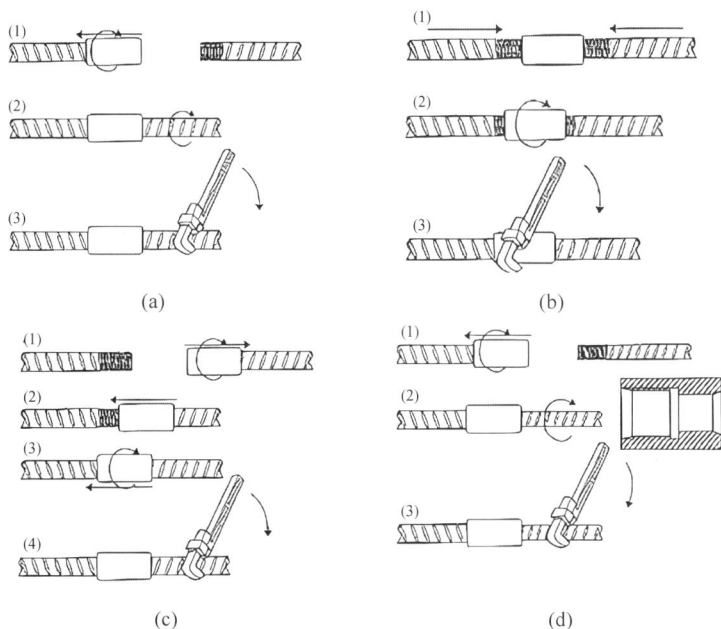

图 4-29　直螺纹钢筋连接

（a）标准型；（b）正反丝型；（c）加长丝扣型；（d）异径型

2）锥螺纹连接

锥螺纹连接(也称为 NPT 或 BSPT 连接)是一种特殊的螺纹连接方式,其中螺纹设计为锥形,随着螺纹的深入管件的直径会逐渐减小,从而在连接处形成密封。利用锥螺纹能承受拉、压两种作用力及自锁性、密封性好的原理,将钢筋的连接端加工成锥螺纹,按规定的力矩值把钢筋连接成一体的接头,如图 4-30 所示。

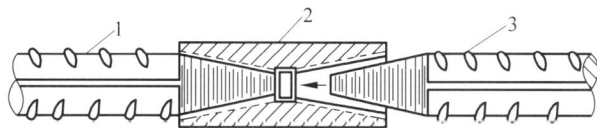

图 4-30　锥螺纹钢筋连接

1—已连接的钢筋；2—锥螺纹套筒；3—未连接的钢筋。

锥螺纹连接具有以下优点：施工工艺简单,工人容易掌握,不需要复杂的设备,提高了施工效率;加工精度较高,可以保证钢筋接头处受力均匀,提高接头的抗拉拔能力和抗疲劳性能;施工过程不受天气条件限制,可全天候进行;可以预加工、连接速度快、同心度好,不受钢筋含碳量和有无花纹限制。

2. 套筒灌浆连接

钢筋套筒灌浆连接的原理是透过铸造的中空型套筒,钢筋从两端开口穿入套筒内部,不需要搭接或熔接,钢筋与套筒间填充高强度微膨胀结构性砂浆,即完成钢筋续接动作。其连接的机理主要是借助砂浆受到套筒的围束作用,加上本身具有微膨胀特性,借此增强与钢筋、套筒内侧间的正向作用力,钢筋即借由该正向力与粗糙表面产生的摩擦力来传递钢筋应力。

套筒灌浆连接分为全灌浆接头和半灌浆接头,如图 4-31 和图 4-32 所示。

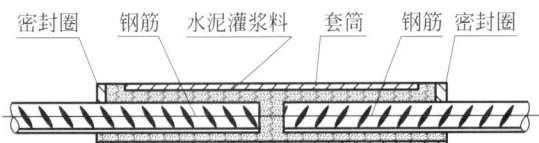

图 4-31　全灌浆接头

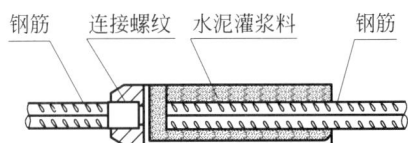

图 4-32　半灌浆接头

3. 浆锚搭接连接

浆锚搭接连接方法是在混凝土中预埋波纹管,待混凝土达到要求强度后,钢筋穿入波纹管,再将高强度无收缩灌浆料灌入波纹管养护,以起到锚固钢筋的作用,如图 4-33 所示。两根钢筋的末端相互搭接并留有一定的搭接长度,然后在搭接区域周围形成一个灌浆腔室,浆锚搭接连接可以看作是钢筋机械连接的一种变体,因为它使用了机械式的连接原理,即通过灌浆材料的固化来实现钢筋的连接和锚固。

这种钢筋浆锚体系属于多重界面体系,即钢筋与锚固材料(灌浆料)的界面体系、锚固材料与波纹管界面体系,以及波纹管与原构件混凝土的界面体系。因此,锚固材料对钢筋的锚固力不仅与锚固材料和钢筋的握裹力有关,还与波纹管和锚固材料、波纹管和混凝土之间的连接有关。

4. 径向挤压连接

将一个钢套筒套在两根带肋钢筋的端部,用超高压液压设备(挤压钳)沿钢套筒径向挤压钢套管,在挤压钳挤压力作用下,钢套筒产生塑性变形与钢筋紧密结合,通过钢套筒与钢筋横肋的咬合,将两根钢筋牢固地连接在一起,如图 4-34 所示。这种连接方法具有较高的接头强度和良好的施工性能,因此在建筑工程中得到了广泛应用。

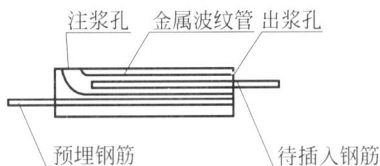

图 4-33　浆锚搭接连接

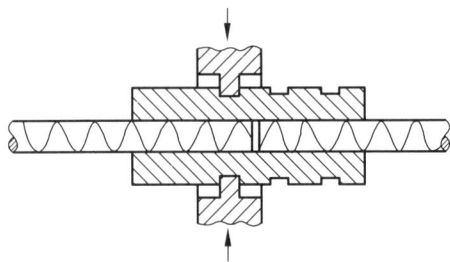

图 4-34　径向挤压连接

5. 轴向挤压连接

通过专用的轴向挤压设备对钢筋连接套筒施加轴向力,使套筒内部产生塑性变形,进而实现钢筋之间的连接,如图 4-35 所示。

将钢筋插入套筒内,使套筒端面与钢筋伸入位置标记线对齐。按照套筒压痕位置标记,对正压模位置,并使压模运动方向与钢筋两纵肋所在的平面相垂直,保证最大压接面能在钢筋的横肋上。压接采用预先压接一半钢筋接头,然后吊运到作业部位,完成另一半钢筋接头,以减少高空作业的难度并加快施工速度。

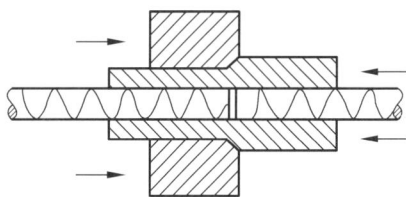

图 4-35 轴向挤压连接

施工时,要正确掌握挤压工艺的三个参数:压接顺序、压接力和压接道数。压接顺序应从中间向两端压接;压接力的大小以钢套筒与钢筋紧密紧固为好;压接道数直接关系到接头质量和施工速度,应根据实际情况选择合适的压接道数。连接后应进行质量检验,合格后方准使用。挤压后套筒表面不得有裂纹、压痕和凹陷,钢筋套筒与连接钢棒之间的压痕深度应符合规范要求。钢筋挤压连接要求钢筋最小中心间距为 90mm,连接钢筋轴线应与钢筋套筒的轴线保持在一直线上,防止偏心和弯折。

6. 套筒挤压连接

套筒挤压连接是把两根待接钢筋的端头先插入一个优质钢套管,然后用挤压机在侧向加压数道,套筒塑性变形后即与带肋钢筋紧密咬合达到连接的目的,如图 4-36 所示。

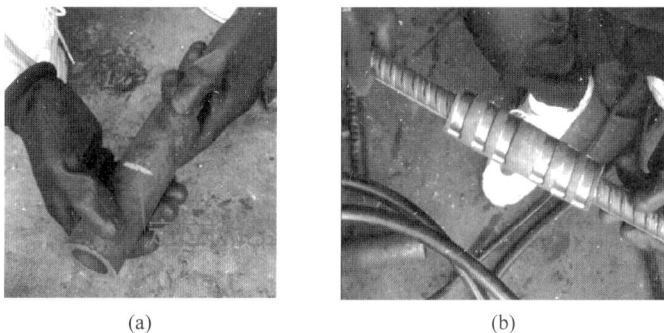

(a)   (b)

图 4-36 套筒挤压连接

(a) 套筒挤压连接定位标记;(b) 挤压连接完成

在钢筋端部画出定位标记和检查标记,定位标记与钢筋端头的距离为套筒长度的一半,检查标记与定位标记的距离一般为 20mm。按钢筋规格选择套筒,进行试套,控制钢筋端头离套筒长度中点不宜超过 10mm。不同直径钢筋的套筒不得相互串用。钢筋挤压连接宜在地面上挤压一端套筒,在施工作业区插入待接钢筋后再挤压另一端套筒。挤压应从套筒中央开始,依次向两端挤压。完成后,取下垫块、压模,卸下挤压机,钢筋连接即完成。

7. 钢筋机械连接示例——套筒连接

将钢筋端部的铁锈、油污等杂质清理干净,确保钢筋表面清洁,选择合适规格的套筒,将其套在钢筋一端,然后将另一根钢筋插入套筒内,使两根钢筋的对接处位于套筒中心位置,如图 4-37 所示。

用扳手将钢筋螺纹拧入套筒内,调整好压模位置,使其与套筒轴线垂直,将已加工好螺纹的钢筋一端拧入套筒内,直至达到规定的拧紧扭矩值。然后将另一端钢筋同样拧入套筒,使两根钢筋的螺纹在套筒内相互咬合,如图 4-38 所示。

图 4-37 套筒连接

图 4-38 钢筋连接

4.3 后浇连接

《标准》对应内容			本书对应内容
职业功能	工作内容	技能要求	书内目录
2. 节点连接	2.3 后浇连接	2.3.1 能对水平构件连接进行混凝土浇筑 2.3.2 能搭设和拆除混凝土浇筑模板	4.3.1 混凝土浇筑操作流程 4.3.2 模板拼装和拆除的技术要求

4.3.1 混凝土浇筑操作流程

1. 施工前准备

1) 技术交底

明确后浇带位置、节点构造(如钢筋锚固、键槽设置)、混凝土强度等级(通常比预制构件高一级);核对设计图纸,确保预留钢筋、套筒或预埋件位置准确。

2) 基层处理

剔除预制构件接触面的浮浆、油污,露出骨料,必要时凿毛(粗糙度宜达 4~6mm)清理结合面;提前 24h 洒水湿润,浇筑前清除积水。

3) 模板支设

采用钢模或木模,确保密封不漏浆;复杂节点可用定制模板;模板支撑须独立于预制构件,避免扰动。

2. 钢筋连接与节点处理

1) 钢筋连接方式

(1) 套筒灌浆连接:钢筋插入预制构件套筒后,灌注高强灌浆料。

(2) 浆锚搭接:在预留孔道内插入钢筋并灌注浆料。

(3) 焊接/绑扎搭接:须符合规范要求的搭接长度(如 $\geqslant 30d$,d 为钢筋直径)。

2）附加构造钢筋

按设计要求增设抗剪钢筋(如 U 形筋)或补强网片。

3. 混凝土施工关键控制

1）材料选择

采用微膨胀混凝土(掺 8％～12％膨胀剂),补偿收缩,避免开裂;强度等级通常为 C35～C45,流动性须满足坍落度为 160～200mm(泵送要求)。

2）浇筑工艺

（1）混凝土浇筑:宜采用平板振捣器,当采用振动棒时应避免漏振或过振。

（2）特殊节点处理:钢筋密集区可采用细石混凝土,辅以人工插捣。

3）养护措施

覆盖塑料薄膜＋麻袋保水养护,时间≥14d(前 7d 保持湿润)。冬季施工时采用加热养护,环境温度低于 5℃时须加防冻剂。

4. 质量验收标准

1）强度检测

同条件养护试块抗压强度须达到设计值的 100％方可拆模。

2）外观与缺陷处理

无蜂窝、孔洞,裂缝宽度≤0.2mm(非结构裂缝);缺陷处须凿除松散层,采用高一等级砂浆或环氧树脂修补。

5. 常见问题及对策

（1）结合面空鼓:因湿润不足或振捣不实,须高压注浆补强。

（2）收缩裂缝:优化配合比,加强养护,必要时设置后浇带分仓浇筑。

（3）钢筋偏位:采用定位框辅助调整,偏差＞5mm 时须植筋处理。

通过严格把控上述环节,可确保后浇混凝土与预制构件形成可靠的整体,满足装配式建筑"等同现浇"的设计要求。

4.3.2 模板拼装和拆除的技术要求

1. 施工准备

（1）技术交底:熟悉图纸,明确后浇带位置、尺寸及钢筋构造。

（2）材料准备:模板(木模、钢模、铝模或塑料模板)、支撑体系(钢管、方木、可调顶托)、脱模剂、密封胶条等。

（3）基层处理:叠合构件混凝土浇筑前,应清除叠合面上的杂物、浮浆及松散骨料,表面干燥时应洒水润湿,洒水后不得留有积水,凿毛处理以增强黏结,如图 4-39 所示。

2. 测量放线

根据控制线标定模板边线及标高,确保与预制构件精准对接。

图 4-39 清除叠合面上的杂物

3．模板支设

（1）底部支撑：采用满堂脚手架或独立钢支撑，间距≤1m，顶托加方木调平。

（2）底模安装：优先使用与预制构件匹配的定型模板，木模拼装方木间距≤300mm。

（3）防漏浆措施：模板与预制构件接缝处粘贴海绵条或橡胶止水带，防止漏浆。

4．测量校正

采用水准仪复核模板标高是否符合设计和规范要求。

5．验收

检查模板刚度、密封性，验收合格后方可绑扎钢筋和浇筑混凝土。

6．拆模

（1）底模须混凝土强度≥100%后方可拆模（或依据设计要求）。

（2）拆模时遵循"先支后拆、后支先拆"原则，严禁野蛮拆除。

通过精细化施工和全过程质量控制，可确保后浇部分与预制构件形成可靠连接，满足结构安全和耐久性要求。

4.3.3 对水平构件连接进行混凝土浇筑示例

叠合构件混凝土浇筑时宜采取由中间向两边的方式。叠合构件与现浇构件交接处混凝土应加密振捣点，并适当延长振捣时间。叠合构件混凝土浇筑时，不应移动预埋件的位置，且不得污染预埋件连接部位，如图 4-40 所示。叠合层混凝土同条件立方体抗压强度达到混凝土设计强度等级值 75% 后，方可拆除下一层支撑。

预制混凝土与后浇混凝土之间的结合面应设置粗糙面。粗糙面的凹凸深度不应小于

图 4-40 叠合板连接区域混凝土浇筑

4mm,以保证叠合面具有较强的黏结力,使两部分混凝土共同有效地工作。由于脱模、吊运、施工等因素,预制板最小厚度不宜小于 60mm。后浇混凝土层最小厚度不应小于 60mm,主要考虑楼板的整体性及管线预理、面筋铺设、施工误差等因素。当板跨度大于 3m 时,宜采用桁架钢筋混凝土叠合板,可增加预制板的整体刚度和水平抗剪性能;当板跨度大于 6m 时,宜采用预应力混凝土预制板,节省工程造价。

4.4 螺栓连接

《标准》对应内容			本书对应内容
职业功能	工作内容	技能要求	书内目录
2. 节点连接	2.4 螺栓连接	2.4.1 能根据图纸查验螺栓的种类和强度等级 2.4.2 能查验节点连接板的平整度 2.4.3 能使用扭矩扳手安装高强螺栓	4.4.1 结构用螺栓种类、强度等级 4.4.2 螺栓节点连接面(板)平整度要求 4.4.3 扭矩扳手操作、保养方法

4.4.1 结构用螺栓种类、强度等级

装配式钢结构建筑常用连接螺栓有普通螺栓和高强螺栓,高强螺栓分为大六角头高强度螺栓、扭剪型高强度螺栓。

按照性能等级划分,螺栓可分为 3.6 级、4.6 级、4.8 级、5.6 级、5.8 级、6.8 级、8.8 级、9.8 级、10.9 级、12.9 级十个等级。其中,8.8 级及以上螺栓材质为低碳合金钢或中碳钢并经热处理,通称为高强度螺栓,8.8 级以下通称普通螺栓。螺栓的性能等级标号由两部分数字组成,分别表示螺栓材料的公称抗拉强度值和屈强比值。例如,性能等级 10.9 级高强度螺栓指的是材料经过热处理后能达到相应的性能等级。

螺栓的制作精度分为 A、B、C 级三个等级。A、B 级为精制螺栓,A、B 级螺栓应与 I 类孔匹配应用。I 类孔的孔径与螺栓公称直径相等,基本上无缝隙,螺栓可轻击入孔,类似于铆钉一样受剪及承压(挤压)。但 A、B 级螺栓对构件的拼装精度要求很高,价格也贵,工程中较少采用。C 级为粗制螺栓,C 级螺栓常与 II 类孔匹配应用。II 类孔的孔径比螺栓直径

大 1～2mm,缝隙较大,螺栓入孔较容易,相应其受剪性能较差,C 级的普通螺栓适用于承受拉力的连接,受剪时另用支托承受剪力。

1. 普通螺栓

普通螺栓是由头部和螺杆(带有外螺纹的圆柱体)两部分组成的一类紧固件,需与螺母配合,用于紧固连接两个带有通孔的零件,如图 4-41 所示。

图 4-41　普通螺栓

2. 大六角头高强度螺栓

高强度螺栓连接副是一整套的含义,包括一个螺栓、一个螺母和两个垫圈,如图 4-42 所示。

1)大六角头高强度螺栓的特点

大六角头高强度螺栓的头部尺寸比普通六角头螺栓要大,可适应施加预拉力的工具及操作要求,同时也增大与连接板间的承压或摩擦面积,如图 4-43 所示。其产品标准为《钢结构用高强度大六角头螺栓、大六角螺母、垫圈技术条件》(GB/T 1231—2006)。

图 4-42　高强度螺栓连接副

图 4-43　大六角头高强度螺栓

2）大六角头高强度螺栓的技术要求

（1）性能等级、材料及使用配合

① 螺栓、螺母、垫圈的性能等级和材料，如表 4-6 所示。

表 4-6　螺栓、螺母、垫圈的性能等级和材料

类别	性能等级	材料	标准编号	适用规格
螺栓	10.9S	20MnTiB	GB/T 3077—2015	≤M24
		ML20MnTiB	GB/T 6478—2015	
		35VB		≤M30
	8.8S	45.35	GB/T 699—2015	≤M20
		20MnTiB	GB/T 3077—2015	≤M24
		40CrML 20MnTiB	GB/T 6478—2015	
		35CrMo	GB/T 3077—2015	≤M30
		35VB		
螺母	10H	45.35	GB/T 699—2015	—
	8H	ML35	GB/T 6478—2015	
垫圈	35～45HRC	45.35	GB/T 699—2015	

注：《合金结构钢》（GB/T 3077—2015）

《冷镦和冷挤压用钢》（GB/T 6478—2015）

《优质碳素结构钢》（GB/T 699—2015）

② 螺栓、螺母、垫圈的使用配合，如表 4-7 所示。

表 4-7　螺栓、螺母、垫圈的使用配合

类别	螺栓	螺母	垫圈
形式尺寸	按 GB/T 1228—2006 规定	按 GB/T 1229—2006 规定	按 GB/T 1230—2006 规定
性能等级	10.9S	10H	35～45HRC
	8.8S	8H	35～45HRC

注：《钢结构用高强度大六角头螺栓》（GB/T 1228—2006）

《钢结构用高强度大六角螺母》（GB/T 1229—2006）

（2）力学性能

① 螺栓的力学性能：试件的力学性能，制造厂应对制造螺栓的材料进行取样，经与螺栓制造中相同的热处理工艺处理后，制成试件进行拉伸试验，其结果应符合如表 4-8 所示的规定。当螺栓的材料直径＞16mm 时，根据用户要求，制造厂还应增加常温冲击试验，其结果应符合规定。

表 4-8　拉伸试验

性能等级	抗拉强度 R_m/MPa	规定非比例延伸强度 $P_{p0.2}$/MPa	断后伸长率 A/%	断后收缩率 Z/%	冲击吸收功 A_{kvz}/J
		不小于			
10.9S	1040～1240	940	10	42	47
8.8S	830～1030	660	12	45	63

实物的力学性能,进行螺栓实物负载试验时,拉力荷载应在规定的范围内,且断裂应发生在螺纹部分或螺纹与螺杆交界处,如表 4-9 所示。

表 4-9　拉力荷载

螺纹规格			M12	M14	M20	(M22)	M24	(M27)	M30
公称应力截面面积 A_s/mm^2			84.3	157	245	303	353	459	561
性能等级	10.9S	拉力荷载/N	87 700～104 500	163 000～195 000	255 000～304 000	315 000～376 000	367 000～438 000	477 000～569 000	583 000～696 000
	8.8S		70 000～86 800	130 000～162 000	203 000～252 000	251 000～312 000	293 000～354 000	381 000～473 000	466 000～578 000

注：表中带括号的螺纹规格为主体结构施工中的常用型号。

当螺栓 $l/d < 3$ 时(l 为螺栓的长度,d 为螺栓的直径),如不能做负载试验,应做拉力荷载试验或芯部硬度试验。拉力荷载试验应符合表 4-9 的规定,芯部硬度试验应符合表 4-10 的规定。

表 4-10　芯部硬度

性能等级	维氏硬度		洛氏硬度	
	min	max	min	max
10.9S	312 HV30	367 HV30	33 HRC	39 HRC
8.8S	249 HV30	296 HV30	24 HRC	31 HRC

② 螺母的力学性能：螺母的保证荷载应符合表 4-11 的规定。

表 4-11　螺母的保证荷载

螺纹规格			M12	M16	M20	(M22)	M24	(M27)	M30
性能等级	10H	保证荷载/N	877 00	163 000	255 000	315 000	367 000	477 000	583 000
	8H		70 000	130 000	203 000	251 000	293 000	381 000	466 000

注：表中带括号的螺纹规格为主体结构施工中的常用型号。

螺母的硬度应符合表 4-12 的规定。

表 4-12　螺母的硬度

性能等级	洛氏硬度		维氏硬度	
	min	max	min	max
10H	98 HRB	32 HRC	222 HV30	304 HV30
8H	95 HRB	30 HRC	206 HV30	289 HV30

3. 扭剪型高强度螺栓

1) 扭剪型高强度螺栓的特点

扭剪型高强度螺栓的尾部连着一个梅花头,梅花头与螺栓尾部之间有一个沟槽。当用特制扳手拧螺母时,以梅花头作为反拧支点,终拧时梅花头沿沟槽被拧断,并以拧断表示已

达到规定的预拉力值,如图 4-44 所示。其产品标准为《钢结构用扭剪型高强度螺栓连接副》
(GB/T 3632—2008)。

图 4-44 扭剪型高强度螺栓

2）扭剪型高强度螺栓的技术要求

（1）性能等级及材料

螺栓、螺母、垫圈的性能等级和推荐材料如表 4-13 所示。

表 4-13 螺栓、螺母、垫圈的性能等级和推荐材料

类别	性能等级	推荐材料	标准编号	适用规格
螺栓	10.9S	20MnTiB ML20MnTiB	GB/T 3077—2015 GB/T 5478—2008	≤M24
		35VB 35CrMo	GB 50300—2013 GB/T 3077—2015	M27、M30
螺母	10H	45.35 ML35	GB/T 699—2015 GB/T 6478—2015	≤M30
垫圈	—	45.35	GB/T 699—2015	

注:《塑料 滚动磨损试验方法》(GB/T 5478—2008)

《建筑工程施工质量验收统一标准》(GB 50300—2013)

（2）力学性能

① 螺栓的力学性能：原材料试件的力学性能。制造者应对螺栓的原材料取样,经与螺栓制造中相同的热处理工艺处理后,按《金属材料 拉伸试验 第 1 部分：室温试验方法》(GB/T 228.1—2021)制成试件进行拉伸试验,其结果应符合表 4-14 的规定。根据用户要求,可增加低温冲击试验,其结果也应符合表 4-14 的规定。

表 4-14 拉伸试验

性能等级	抗拉强度 R_m/MPa	规定非比例延伸强度 $P_{p0.2}$/MPa	断后伸长率 A/%	断后收缩率 Z/%	冲击吸收功 $(-20℃)A_{kvz}$/J
10.9S	1040～1240	≥940	≥10	≥42	≥27

螺栓实物的力学性能。对螺栓实物进行负载试验时,若拉力荷载在表 4-14 规定的范围

内,断裂应发生在螺纹部分或螺纹与螺杆交接处。当螺栓 $l/d < 3$ 时,如不能进行负载试验,允许做拉力荷载试验或芯部硬度试验。拉力荷载试验应符合表 4-15 的规定,芯部硬度应符合表 4-16 的规定。

表 4-15　楔负载试验拉力荷载

螺纹规格		M16	M20	M22	M24	M27	M30
公称应力截面面积 A_a/mm²		157	245	303	353	459	561
10.9S	拉力荷载/kN	163~195	255~304	315~376	367~438	477~569	583~696

表 4-16　芯部硬度

性能等级	维氏硬度		洛氏硬度	
	min	max	min	max
10.9S	312 HV30	367 HV30	33 HRC	39 HRC

② 螺母的力学性能:螺母的保证荷载如表 4-17 所示。

表 4-17　螺母的保证荷载

螺纹规格		M16	M20	M22	M24	M27	M30
公称应力截面面积 A_a/mm²		157	245	303	353	459	561
保证应力 S_p/MPa		1840					
10.9H	保证荷载($A_a \times S_p$)/kN	163	255	315	367	477	583

螺母的硬度应符合表 4-18 的规定。

表 4-18　螺母的硬度

性能等级	洛氏硬度		维氏硬度	
	min	max	min	max
10.9H	98 HRB	32 HRC	222 HV30	304 HV30

(3) 连接副的紧固轴力

连接副的紧固轴力应符合表 4-19 的规定。

表 4-19　连接副的紧固轴力

螺纹规格		M16	M20	M22	M24	M27	M30
每批紧固轴力的平均值/kN	公称应力截面面积 A_a/mm²	110	171	209	248	319	391
	A_a min/mm²	100	155	190	225	290	355
	A_n max/mm²	121	188	230	272	351	430
紧固轴力标准偏差 σ/kN		≤10.0	≤15.5	≤19.0	≤22.5	≤29.0	≤35.5

（4）表面处理

为保证连接副紧固轴力和防锈性能，螺栓、螺母和垫圈应进行表面处理（可以是相同的或不同的），并由制造者确定。

4.4.2　螺栓节点连接面（板）平整度要求

螺栓节点连接面（板）的平整度要求是平整、无焊接飞溅、无毛刺、无油污。连接处钢板表面的处理方法和除锈等级应符合设计要求，如图 4-45 所示。这是因为钢板表面不平整、有焊接飞溅、毛刺等会导致板面不密贴，影响高强度螺栓连接的受力性能。此外，板面上的油污会大幅度降低摩擦面的抗滑移系数。因此，在处理后的摩擦型高强度螺栓连接中，摩擦面的抗滑移系数也应符合设计要求。

抗滑移系数是高强度螺栓连接的主要设计参数之一，直接影响构件的承载力。因此，无论是在制造厂还是在现场处理，构件摩擦面都应该对抗滑移系数进行测试。测得的抗滑移系数的最小值应满足设计要求。

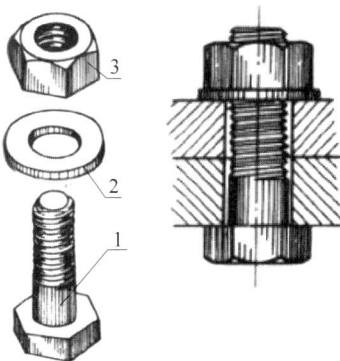

图 4-45　螺栓节点连接
1—螺栓；2—垫圈；3—螺母。

4.4.3　扭矩扳手操作、保养方法

扭矩扳手是一种常见的工具，用于安装和紧固螺栓，如图 4-46 所示。

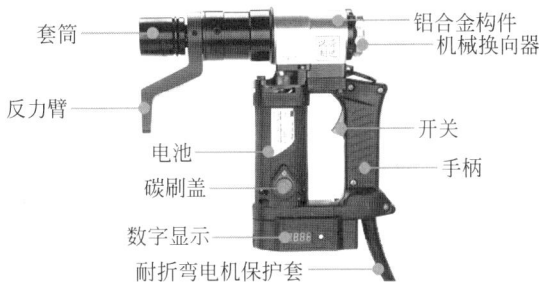

图 4-46　扭矩扳手

1. 扭矩扳手操作方法

扭矩扳手用于螺栓节点连接，以确保螺栓达到规定的扭紧力矩，保障连接强度和结构安全。其操作方法如下：

（1）选择合适的扭矩扳手：根据螺栓的强度等级、大小以及设计要求的扭矩值，选择量程合适的扭矩扳手。不同型号的扭矩扳手有不同的扭矩范围，须确保所选扳手能满足施工需求，同时避免超量程使用损坏扳手。

（2）设置扭矩值：根据施工图纸或规范要求的扭矩数值，对扭矩扳手进行设置。部分扭矩扳手通过旋转刻度套筒、调节旋钮等方式设置扭矩，设置时须精确调整，确保数值准确。

（3）安装合适的套筒：根据螺栓头部的形状和尺寸，选择匹配的套筒安装在扭矩扳手上，确保套筒与螺栓头部紧密配合，防止打滑损坏螺栓或影响扭矩施加。

（4）进行拧紧操作：将套筒套在螺栓上，保持扭矩扳手与螺栓处于同一轴线，均匀用力拉动扳手，使螺栓逐渐拧紧。在拧紧过程中，须注意施力方向和力度，避免因用力不均导致螺栓受力异常。

（5）判断扭矩是否达到要求：当扭矩扳手发出"咔嗒"声或有明显的手感反馈时，表明已达到预设的扭矩值。此时应停止施力，完成螺栓的拧紧操作。

（6）检查与复核：完成拧紧操作后，须对扭矩值进行检查复核，可使用扭矩扳手再次测量，确保实际扭矩值在规定范围内。如发现扭矩值不符合要求，应及时调整。

2. 扭矩扳手保养方法

为了保证扭矩扳手的使用寿命和操作效果，必须定期进行保养。以下是扭矩扳手的保养规程。

（1）清洁与润滑。在使用前后，应清洁扭矩扳手的所有部分，特别是扳手头部和套筒，以去除油污、灰尘和金属屑。避免使用腐蚀性的清洁剂，使用软布擦拭即可。

（2）保持扳手干燥。机械扭矩扳手不能与潮湿的环境接触，必须放置在干燥的地方，防止腐蚀和污染。

（3）定期检查扳手是否损坏。定期检查扭矩扳手的各个部件是否有磨损或损坏，如齿轮、弹簧、杆等，必要时，及时更换磨损的部件，找出问题，并且进行维修。

（4）定期检查扳手的精度。应该定期对机械扭矩扳手进行检查和校准，确保其精度和准确性。

（5）保持扳手动作灵敏。机械扭矩扳手的动作应该保持灵敏，如出现卡滞、下降不够流畅等问题，需要立即检修。

（6）定期更换零部件。机械扭矩扳手在使用一段时间后，需要定期更换关键零部件，确保其正常工作。

（7）妥善保管。在不使用时，应该将扭矩扳手储存在干燥、清洁并且避免受到损坏的地方。

（8）对于气动扭矩扳手，还需要特别注意以下几点：①定期排放三点控制阀中的积水，避免水分影响气动系统的性能。②在三点控制阀中定期加入润滑油，保持气动系统的顺畅运行。③气动扳手本体的出气过滤棉需定期清洁，至少每周两次。④气动扳手本体内部至少每半年进行一次彻底的保养。

4.4.4　使用扭矩扳手安装高强度螺栓示例

1. 扭矩扳手的准备

根据高强度螺栓的规格和设计要求，选择合适量程的扭矩扳手。检查扭矩扳手是否完好无损，精度是否在规定范围内。在使用前，需对扭矩扳手进行归零校准，确保读数准确。例如，对于M20的高强度螺栓，通常选用扭矩范围在200~500N·m的扭矩扳手，如图4-47所示。

图 4-47　扭矩扳手准备

2．螺栓穿入

将高强度螺栓穿入构件的螺栓孔中,先用手将螺母拧入螺栓,初步对齐构件连接位置。这一步只需将螺母拧至能使构件相对固定即可,无须拧紧,目的是为后续使用扭矩扳手精确紧固做准备,如图 4-48 所示。

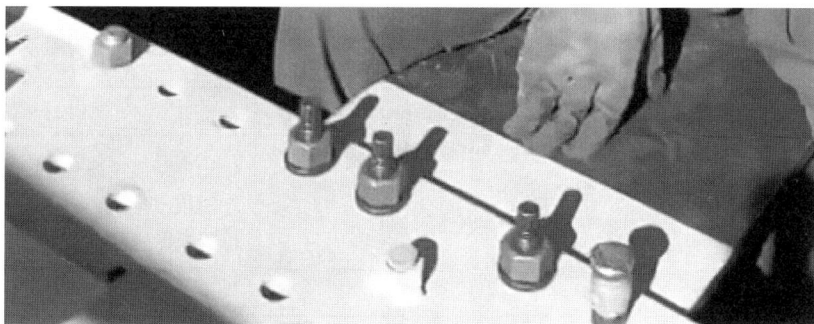

图 4-48　高强度螺栓穿入

3．初拧

将扭矩扳手的套筒套在螺母上,确保套筒与螺母完全契合,防止打滑。调整扭矩扳手的扭矩值至设计规定的初拧扭矩。例如,对于常见的 8.8 级高强度螺栓,初拧扭矩一般设定为 200N·m。然后,缓慢均匀地扳动扭矩扳手,使螺母逐渐拧紧。在拧紧过程中,要保持扭矩扳手与螺栓轴线垂直,避免因倾斜用力导致扭矩不准确,如图 4-49 所示。

4．终拧

初拧完成后,再次调整扭矩扳手的扭矩值至设计规定的终拧扭矩,终拧扭矩的数值须严

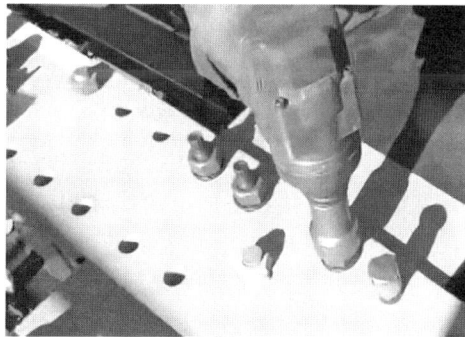

图 4-49　初扭高强度螺栓

格按照设计要求执行,不同规格和强度等级的高强度螺栓终拧扭矩不同。继续使用扭矩扳手对螺母进行紧固,直至高出螺母的多余丝段被剪掉,达到终拧扭矩。此时,高强度螺栓已达到设计要求的紧固程度,确保了构件连接的可靠性,如图 4-50 和图 4-51 所示。

图 4-50　终拧高强度螺栓

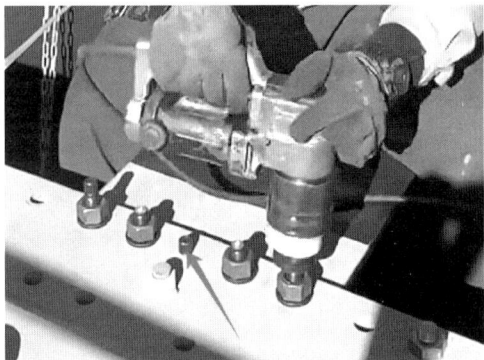

图 4-51　裁剪多余丝段

4.5　焊接连接

《标准》对应内容			本书对应内容
职业功能	工作内容	技能要求	书内目录
2. 节点连接	2.5 焊接连接	2.5.1 能按要求维护焊接设备和保管焊材 2.5.2 能识别焊缝图例 2.5.3 能使用焊接工具进行平接焊缝焊接	4.5.1 焊接设备维护知识与焊材保管知识 4.5.2 焊缝标识方法 4.5.3 焊缝质量要求及焊接方法

4.5.1　焊接设备维护知识与焊材保管知识

1. 焊接设备维护知识

为了保证焊接设备的正常运行和延长其使用寿命,正确的保养维护是非常必要的。

(1)清洁焊接设备表面。保持焊接设备的表面干净整洁是维护工作的基础。在使用焊接设备之前,应定期对其表面进行清洁,以去除焊渣、灰尘、杂质等。可以使用柔软的布或者刷子进行清洁,但要注意避免使用金属工具或者锐利物品刮擦设备表面,以免刮伤或损坏。

(2)定期检查电源和线缆连接。焊接设备的电源和线缆连接是其正常工作的重要保障。定期检查焊接设备的电源线和焊枪连接线,确保其连接牢固无松动,没有损坏或磨损的现象。如果发现有问题,应及时更换或修复,以免造成电流不稳定或电路故障。

(3)检查气体和水冷系统。对于使用气体和水冷系统的焊接设备,定期检查气源和水冷系统的情况非常重要。确保气源供应充足且不漏气,检查气体管路是否存在堵塞、老化或者破损的问题;对水冷系统,检查水泵、水管和冷却塔等是否正常运转,排除水路堵塞或水泄漏的情况。

（4）维护接触器和继电器。焊接设备中的接触器和继电器也是需要定期维护的部件。检查接触器和继电器的触点是否正常，如有氧化或磨损应及时清洁或更换。同时，还需检查继电器的线圈连接，确保其固定可靠。

（5）定期更换易损件。焊接设备中存在一些易损件，如焊头、电极、喷嘴等。这些易损件在长时间使用后会磨损变形，影响焊接效果。因此，需要定期检查这些易损件的磨损情况，如发现有明显磨损或损坏，应及时更换，以保证焊接质量。

（6）保持设备通风良好。焊接设备在工作过程中会产生大量的热量和烟尘，如果通风不良，容易影响设备的正常散热和工作效果。因此，保持设备所处的环境通风良好是非常重要的。可以安装通风设备或者通过合理的场地布局来保证设备周围空气的流通，避免热量积聚和烟尘堆积。

（7）定期保养润滑部件。焊接设备的一些关键部件需要经常进行润滑保养，以保证其正常工作。在使用过程中，需要定期给焊接设备的润滑点加注润滑油或润滑脂，确保润滑部件运行顺畅，并减少磨损。

（8）定期校准焊接设备。焊接设备的精确性对焊接工艺和产品质量起到关键作用。因此，定期进行焊接设备的校准非常重要。根据设备的使用情况和要求，制定相应的校准方案，确保焊接设备的各项参数和功能符合标准。

保养焊接设备是确保其正常运行和延长寿命的重要工作。通过清洁设备表面、检查电源和线缆连接、检查气体和水冷系统、维护接触器和继电器、定期更换易损件、保持设备通风良好、保养润滑部件和定期校准焊接设备等维护方法，可以有效提高焊接设备的可靠性和工作效率，保证焊接质量，减少故障发生的可能性。各企事业单位应根据实际情况，建立健全完善的焊接设备维护保养制度，加强操作人员的培训和管理，促进焊接设备的稳定运行和安全生产。

2．电弧焊机的维护保养

电弧焊机是电弧焊工艺中用于提供焊接所需电能的设备，它能将电网的电能转换为适合焊接的低电压、大电流电能，在焊条与焊件间形成稳定电弧，以实现金属的连接，如图 4-52 所示。

1）外观清洁

焊机在使用前和使用后，都要及时清理表面的灰尘、油污和飞溅物等。可以使用干净的湿布擦拭外壳，对于顽固污渍，可使用温和的清洁剂，但要注意避免清洁剂进入焊机内部。

2）连接检查

每次使用前，仔细检查焊机的输入、输出电缆连接是否牢固，有无松动、破损或过热迹象。确保焊接电缆与焊件之间的连接良好，避免因接触不良而产生电阻热，影响焊接效果甚至损坏焊机。

图 4-52　电弧焊机

3）内部清洁

每隔一定时间(一般为 1～3 个月,具体根据使用频率和环境而定),打开焊机外壳,使用压缩空气或吹风机(调至冷风挡)清除内部的灰尘和杂物。注意要在断电且焊机冷却后进行操作,同时要避免触碰内部的带电部件和电路板。

4）更换易损部件

根据焊机的使用情况,定期更换易损件,如电极夹、电缆线、保险丝等。电极夹在使用过程中会因磨损而影响导电性能,应及时更换;电缆线如有破损或老化,要及时进行更换,以防止漏电和短路;保险丝是焊机的重要保护装置,一旦熔断,必须查明原因并更换相同规格的保险丝。

3. 气体保护焊机的维护保养

1）钨极氩弧焊机的维护保养

钨极氩弧焊机除与埋弧焊机、二氧化碳气体保护焊机的维护保养要求一样外,还应注意焊机在使用前,必须检查水管、气管的连接,保证焊接时能正常供水、供气,大电流钨极氩弧焊机应更加重视,定期检查焊枪的弹性、钨极夹头的夹紧状况和喷嘴的绝缘性能是否良好,如图 4-53 所示。

2）二氧化碳气体保护焊机的维护保养

二氧化碳气体保护焊机的工作原理主要依赖于电弧产生的高温以及二氧化碳保护气体。在焊接过程中,焊机通过电源供电,经过整流、滤波等处理,将交流电转化为直流电,如图 4-54 所示。当电极与工件之间形成电弧时,电阻使电能转化为热能,产生高温。同时,二氧化碳作为保护气体被喷射到焊接区域,遮挡空气对焊接区域的影响,防止金属与空气中的氧气和水蒸气发生反应,生成不利于焊接质量的物质。通过控制电弧的位置和电流强度,电弧能够熔化金属工件表面,形成熔池。随后,焊接电极提供的焊丝被添加到熔池中,焊丝熔化并与工件表面结合,冷却后形成焊缝。

图 4-53　钨极氩弧焊机

图 4-54　二氧化碳气体保护焊机

操作者应掌握二氧化碳气体保护焊机的操作规程:

(1)操作者必须掌握焊机的一般构造、电气原理以及使用方法。

（2）焊机应按外部接线图正确安装,焊机外壳必须可靠接地。

（3）必须建立焊机定期维修制度。

（4）经常检查电源和控制部分的接触器及继电器触点的工作情况,发现烧损或接触不良者,要及时修理或更换。

（5）经常检查送丝电动机和小车电动机的工作状态,发现炭刷磨损、接触不良或打火时要及时修理或更换。

（6）经常检查送丝滚轮的压紧情况和磨损程度。

（7）定期检查送丝软管的工作情况,及时清理管内污垢,避免增加送丝阻力。

（8）注意导电嘴和焊丝的接触情况,当导电嘴孔径严重磨损时要及时更换。

（9）注意喷嘴与导电杆之间的绝缘情况,防止喷嘴带电并及时清除附着的飞溅金属。

（10）经常检查供气系统工作情况,防止漏气、焊枪分流环堵塞、预热器以及干燥工作不正常问题,保证二氧化碳气流均匀畅通。

（11）工作完毕或因故离开,要关闭气路和水路,切断一切电源。

（12）当焊机出现故障时,不要随便拨弄电气元件,应停机检查修理。

4. 激光焊接机维护保养

激光焊接机的维护必须由经过专门培训的人员进行,否则容易产生严重的人为损坏。手持激光焊机如图 4-55 所示。

（1）为了保证激光焊接机一直处于正常的工作状态,连续工作两周后或停止使用一段时间时,在开机前首先应对 YAG 棒、介质膜片及镜头保护玻璃等光路中的组件进行检查,确定各光学组件没有灰尘污染、霉变等异常现象,如有上述现象应及时进行处理,保证各光学组件不会在强激光照射下损坏(若设备的使用环境比较清洁,上述检查可以相应延长至一个月甚至更长)。

（2）冷却水的纯度是保证激光输出效率及激光器聚光腔组件寿命的关键,使用中应每周检查

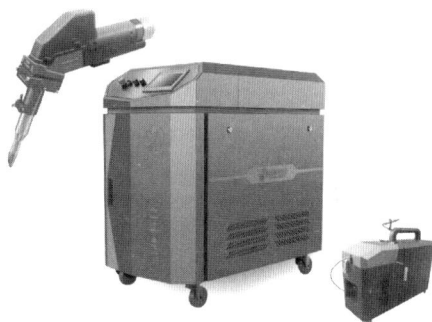

图 4-55　手持激光焊机

一次内循环水的电导率,保证其电导率为 30.5MW·cm,每月必须更换一次内循环的去离子水,新注入纯水的电导率为 32MW·cm。随时注意观察冷却系统中离子交换柱的颜色变化,一旦发现交换柱中树脂的颜色变为深褐色甚至黑色,应立即更换树脂。

（3）设备操作人员可以经常用黑色相纸检查激光器输出光斑,一旦发现光斑不均匀或能量下降等现象,应及时对激光器的谐振腔进行调整,确保激光输出的光束质量。

当强激光直接照射到木材等易燃品时会产生明火,调试过程中应在激光输出的光路上放置一块吸收性能良好的黑色金属材料作为光束终止器,防止引起火灾事故。

5. 焊材保管知识

1）焊条

焊条是在气焊或电焊时熔化填充在焊接工件接合处的金属条。它由药皮和焊芯两部分

组成,其中焊芯是焊条的金属芯,药皮则涂覆在焊芯的表面。焊条的材料通常与工件的材料相同,以确保焊接强度和连接持久性,如图 4-56 所示。

图 4-56　焊条

（1）有关注意事项

① 焊条存放应注意仓库通风,空气的相对湿度应控制在 60％以下。堆放时与地面和墙壁保持 30cm 的距离。

② 区分焊条存放的型号和规格,不要混用。

③ 搬运和堆放时注意不要损坏涂层,特别是涂层强度差的焊条,如不锈钢焊条、堆焊焊条、铸铁焊条。

（2）焊条湿度的影响

电极受潮后,涂层颜色一般较暗,焊条碰撞时失去清脆的金属声,有的甚至返碱出现“白花”。

① 受潮焊条对焊接过程的影响如下:电弧不稳定,熔深增加,飞溅增大,颗粒过大;熔渣覆盖不良,成型变差;焊缝表面粗糙,清渣困难。

② 受潮焊条对焊接质量的影响如下:容易产生焊接裂纹和气孔,降低焊缝的抗裂性能;焊缝金属力学性能下降。

（3）焊条烘干

① 焊条存放时间过长,焊条潮湿,但焊芯不生锈,涂层不变质,干燥后仍能保持焊条原有性能,不影响使用。

② 烘烤温度不宜过高、不宜过低。温度低,水无法排出;如果温度过高,容易导致开裂、酥脆、脱落或涂层成分发生变化,影响焊接质量。

③ 干燥后,碱性焊条在室外的暴露时间不应超过 4h。

④ 焊条反复干燥的次数不宜过多,否则容易造成涂层脱落。

（4）焊条废料

焊芯生锈,药皮粘连、剥落、受潮严重(尤其是低氢焊条、耐热钢焊条、低温钢焊条)时,这种焊条不能再使用,将被丢弃,称为焊条废料。

2）焊丝

焊丝是焊接过程中的关键材料,主要作用是作为填充金属,同时在某些焊接方法中还充当导电电极。焊丝的种类繁多,根据不同的分类标准分为实心焊丝、药芯焊丝、铸造焊丝、电火花冷焊丝等,如图 4-57 所示。实心焊丝是最常用的类型,适用于多种自动和半自动焊接工艺。药芯焊丝则包含内部填充的药粉,用于气体保护焊、埋弧焊和自保护焊。铸造焊丝主要用于具有特殊性能要求的手工堆焊,而电火花冷焊丝则用于常温下的焊接或堆焊修复。

（1）有关注意事项

① 焊丝应存放在专用焊材仓库,注意仓库内通风,控制空气相对湿度在 60％以下,堆放时与地面和墙壁保持 30cm 的距离。

② 区分存放的型号和规格,不要混用。

③ 搬运过程中避免乱扔垃圾和包装损坏。一旦包装损坏,可能会导致焊丝的吸湿、生锈。

④ 桶装焊丝,搬运时不要滚动,容器不能倒下或倾斜,以免焊丝缠绕在桶内,妨碍使用。

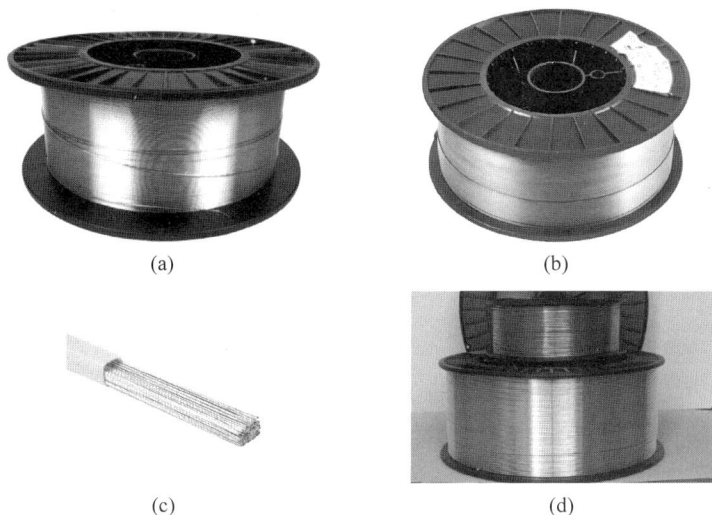

图 4-57 焊丝

(a) 实心焊丝；(b) 药芯焊丝；(c) 铸造焊丝；(d) 电火花冷焊丝

⑤ 焊丝不得堆放过高。

⑥ 一般情况下,药芯焊丝不需要烘干,开封后应尽快用完。当焊丝未用完,需要放入送丝机中过夜时,用帆布、塑料布或其他物品盖住送丝机(或焊丝托盘)以减少与空气中水分的接触。

⑦ 药芯焊丝中使用的 CO_2 应为纯净无水气体。

(2) 焊丝水分的影响

吸潮焊丝会增加熔融金属中扩散氢的含量,产生凹坑、气孔等缺陷,恶化焊缝金属的焊接工艺性能和力学性能,严重时会导致焊缝开裂。

4.5.2 焊缝标识方法

1. 注意事项

(1) 标明位置。在工程图纸上清晰地标明焊接位置和类型,包括角度、长度和数量等信息。

(2) 符号标记。使用国际通用的焊接符号进行标记,以指示需要进行焊接的特定位置和类型。

(3) 标记记录。在焊接完毕后,应对焊缝进行标识和记录,包括焊工、日期、焊接材料等信息。

2. 基本符号

(1) 基本符号是表示焊缝横截面形状的符号,常用基本符号如表 4-20 所示。

表 4-20 焊缝常用基本符号

序号	名称	示意图	符号
1	角焊缝		
2	点焊缝		◯
3	I 形焊缝		‖
4	V 形焊缝		∨
5	单边 V 形焊缝		
6	带钝边 V 形焊缝		Y
7	缝焊缝		
8	塞焊缝或槽焊缝		
9	封底焊缝		
10	喇叭形焊缝		
11	单边喇叭形焊缝		

（2）在焊接标注时,焊缝的基本符号必须标注。

（3）对于需要开坡口的焊缝,当设计对坡口形状有特殊要求时,则应在技术图样中画出焊缝坡口的断面图,并明确各项要求;设计对坡口形状无特殊要求时,则技术图样中不做规定,应由工艺人员在工艺文件中予以明确。

3. 辅助符号

(1)辅助符号是表示焊缝表面形状特征的符号,如表 4-21 所示。

表 4-21　辅助符号

序号	名　　称	示意图	符号	标注示例	说　　明
1	平面符号		—		平面 V 形对接焊缝一般通过加工保证
2	凹面符号		⌣		凹面角焊缝
3	凸面符号		⌢		凸面 V 形对接焊缝

(2)对焊缝的表面无要求时,则不标注辅助符号。

4. 补充符号

(1)补充符号是为了补充说明焊缝的某些特征而采用的符号。

(2)当焊缝具有表 4-22 所列特征时,则必须标注相应的补充符号。

表 4-22　补充符号

序号	名　　称	示意图	符号	标注示例	说　　明
1	带垫板符号		▭		V 形对接焊缝,底面有垫板
2	三面焊缝符号		⊏		工件三面施角焊缝,焊接方法为手工电弧焊
3	周围焊缝符号		○		沿工件周围施角焊缝
4	尾部符号	—	＜	(同上述三面焊缝符号)	标注焊接方法及施焊处数 N 等说明

5. 尺寸符号

(1)常见的尺寸符号见表 4-23,表中各尺寸符号在图样中应标出具体数值。

表 4-23 尺寸符号

序号	名 称	示意图	符号	标注示例	说 明
1	焊脚尺寸		K		角焊缝 焊脚尺寸为 K
2	焊缝宽度 焊缝厚度		c S		I 形焊缝 焊缝宽度为 c 焊缝厚为 S
3	熔核直径		d		塞焊缝 熔核直径 d 点焊缝 焊点直径 d
4	焊缝间距		e		角焊缝 焊脚尺寸为 K 焊缝长度为 l 焊缝间距为 e 焊缝段(点)数为 n 焊缝宽为 c
5	焊缝长度		l		
6	焊缝段(点)数		n c		
7	相同焊缝处数		N		角焊缝 焊脚尺寸为 K 相同焊缝处数为 N

(2)确定焊缝位置的尺寸不在焊缝符号中给出,而是将其标注在图样上。

(3)塞焊缝、槽焊缝带有斜边时,应该标注孔底部的尺寸。

6. 焊接符号在图样上的表示及其标注

完整的焊接标注除了上述基本符号、辅助符号、补充符号、尺寸符号及数据以外,还包括指引线及必要的说明。

1)指引线

指引线一般由带箭头的指引线(箭头线)和两条基准线(一条为细实线,另一条为虚线)组成,两条基准线间隔为 $2b$(b 为视图轮廓线宽度)。基准线一般应与图样的底边相平行,但在特殊条件下亦可与底边相垂直,如图 4-58 所示。

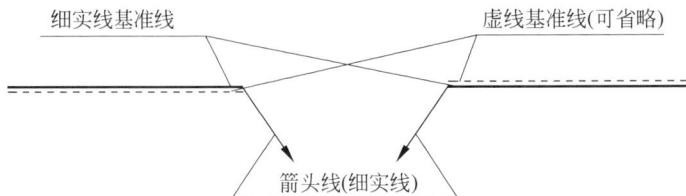

图 4-58 指引线

（1）箭头线和焊缝的关系

① 焊缝在箭头侧：箭头线指在焊缝上，如图 4-59 所示。

② 焊缝在非箭头侧：箭头线指在焊缝的背面，如图 4-60 所示。

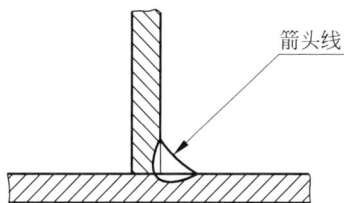

图 4-59 焊缝在箭头侧　　　　　　　图 4-60 焊缝在非箭头侧

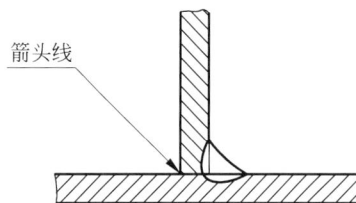

（2）箭头线的位置

① 箭头线相对焊缝的位置一般无特殊要求，但是在标注 V 形焊缝时，箭头线应指向带有坡口一侧的工件，如图 4-61 所示。

② 必要时，允许箭头线弯折一次，如图 4-62 所示。

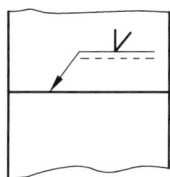

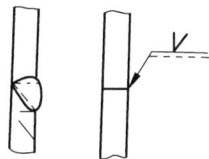

图 4-61 箭头线的位置　　　　　　　图 4-62 弯折的箭头线

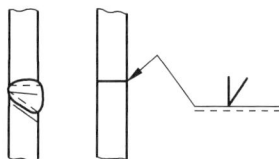

2）焊缝在图样上的表示

（1）点焊缝、缝焊缝、塞焊缝和槽焊缝以外的各种焊缝，在图样上表示时应符合下述规定。

① 可见焊缝纵向可用 $2b\sim2.5b$ 等粗的实线表示（可使用区别于黑色的颜色），如图 4-63 所示。

② 不可见焊缝纵向可用 $2b\sim2.5b$ 等粗的粗虚线表示，如图 4-64 所示。

③ 焊缝的横截面应按焊缝实际截面形状绘制并涂黑，如图 4-65 所示。

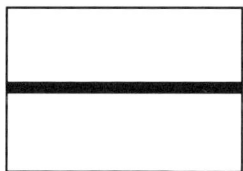

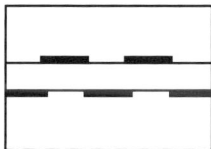

图 4-63 可见焊缝图样表示　　图 4-64 不可见焊缝图样表示　　图 4-65 焊缝的横截面图样表示

④ 必要时，可用细实线画出焊接前的坡口形状，如图 4-66 所示。

（2）点焊缝、缝焊缝、塞焊缝和槽焊缝，在其径向位置应用粗实线的"＋"表示，在其长度方向位置应用细点画线表示，如图 4-67 所示。

（3）如果焊缝在一个视图上已表达清楚，允许在其他视图上省略。

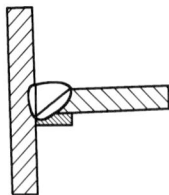

图 4-66 焊接前的坡口形状图样表示

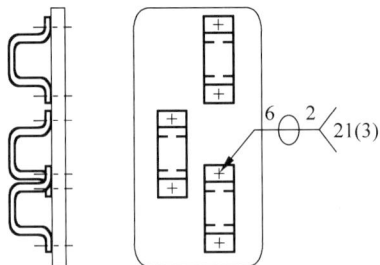

图 4-67 焊接时"十"图样表示

3）基本符号在基准线上的表示

（1）常见基本符号的画法及比例如表 4-24 所示。

表 4-24 常见基本符号的画法及比例

名 称	符 号	名 称	符 号
角焊缝		缝焊缝	
点焊缝		塞焊缝	
I 形焊缝		封底焊缝	
单边 V 形焊缝 V 形焊缝		喇叭形焊缝	
钝边 V 形焊缝		单边喇叭形焊缝	

注：

① 表中尺寸 b 为视图轮廓线的宽度，一般为 0.5mm，下同；

② 辅助符号和补充符号的大小尺寸，可参照本表和《技术制图 焊缝符号的尺寸、比例及简化表示法》（GB/T 12212—2012）执行；

③ 各种焊缝符号的画法及比例一般不随技术图样的绘图比例变化而变化。

（2）基本符号在基准线上的表示

① 如果焊缝在箭头侧，则将基本符号标在基准线的细实线侧，如图 4-68 所示。

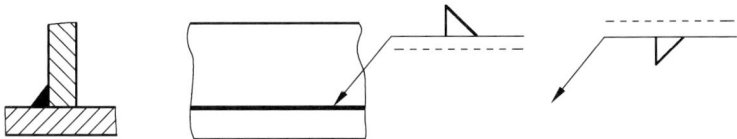

图 4-68　焊缝在箭头侧时基准线图样表示

② 如果焊缝在接头的非箭头侧（即不可见焊缝），则将基本符号标在基准线的虚线侧，如图 4-69 所示。

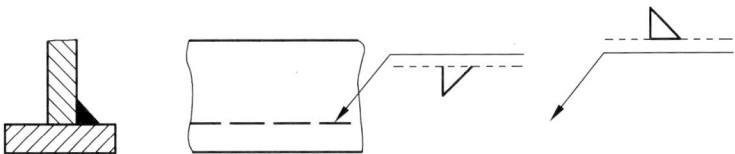

图 4-69　焊缝在非箭头侧时基准线图样表示

③ 标对称焊缝及双面焊缝时，可省略虚线基准线，如图 4-70 所示。

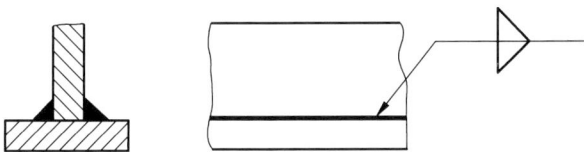

图 4-70　标对称焊缝时基准线图样表示

4）焊缝标注原则

（1）当在图样上已采用图示法绘出焊缝时，应同时标注焊缝符号。

（2）各种符号相对于基准线的位置，如图 4-71 所示。

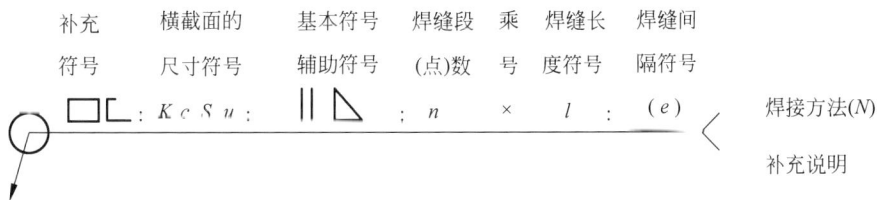

图 4-71　符号相对于基准线的位置

（3）尾部符号标于箭头线的尾部，并且以 90°开口对称于基准线。

（4）基准线上所标注各种焊缝符号的位置和方向不随箭头线方向的变化而变化；尾部符号处标注的内容也不随尾部方向的变化而改变上下左右的书写顺序。

（5）当基本符号（辅助符号、补充符号）标注在基准线下方时，其方向应与标注在基准线上方时相对称。

（6）双面符号只能标注基础件一侧的焊接，在基础件两侧的焊接不能用双面符号，如图 4-72 所示。

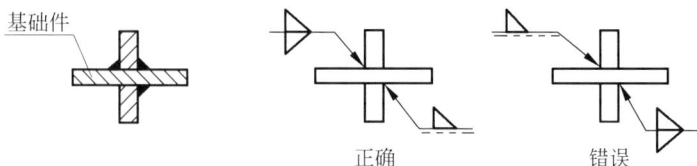

图 4-72   基础件两侧的焊接符号的标注

(7) 焊接标注的焊缝符号的数字和字符与图样中的相应数字和字符的型式、字体宽度和字体高度相一致。

(8) 当需要标注的尺寸数据较多又不易分辨时,应在数据前面增加相应的尺寸符号。

(9) 焊缝符号的标注尽可能简化。

(10) 在基本符号的右侧无任何标注且又无其他说明时,意味着焊缝在工件的整个长度上是连续的。

(11) 在基本符号的左侧无任何标注且又无其他说明时,表示对接焊缝要完全焊透。

(12) 当对焊缝段(点)数无严格要求时,允许省略。

(13) 在不致引起误解的情况下可省略虚线基准线及"(N)"的括号,

(14) 在焊缝符号中标注交错对称焊缝的尺寸时,允许在基准线上只标注一次,如图 4-73 所示。

(15) 当同一图样中全部焊缝相同且已用图示法明确表示其位置时,可统一在技术要求中用符号表示或用文字说明,如"全部焊缝为 5⊿";当部分焊缝相同时,也可采用同样的方法表示,但剩余焊缝应在图样中明确标注。

(16) 焊缝段(点)的特殊分布要求(如:左右对称,焊点均布),可在尾部符号处用文字简明注出。

(17) 必要时,可给出焊条或焊丝的牌号并标注在基准线的上方或下方,与基本符号相反的一侧,如图 4-74 所示。

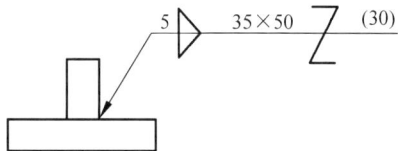

图 4-73   对称焊缝时基准线图样表示

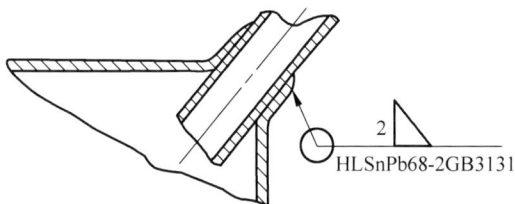

图 4-74   在基准线标注焊条或焊丝的牌号

(18) 在同一图样中,当若干条焊缝的坡口尺寸和焊缝符号均相同时,可采用在焊缝符号的尾部加注相同焊缝数量的方法简化标注,其他形式的焊缝仍需分别标注,如图 4-75 所示。

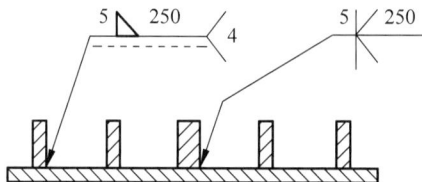

图 4-75   其他形式的焊缝图样表示

（19）常用焊接方法代号如表 4-25 所示。

表 4-25 常用焊接方法代号

代号	焊 接 方 法	代号	焊 接 方 法
1	电弧焊	3	气焊
11	无气体保护的电弧焊	311	氧—乙炔焊
111	手工电弧焊	33	氧—乙炔喷焊（堆焊）
135	MAG 焊：熔化极非惰性气体保护焊（含 CO_2 气体保护焊）	4	压焊
2	电阻焊	42	摩擦焊
21	点焊	7	其他焊接方法
22	缝焊	781	螺柱电弧焊
221	搭接缝焊（滚焊）	782	螺柱电阻焊
225	夹带缝焊	9	硬钎焊、软钎焊、钎接焊
23	凸焊	91	硬钎焊
24	闪光对焊	94	软钎焊

注：焊接及相关工艺方法代号符合《焊接及相关工艺方法代号》(GB/T 5185—2005)规定。

4.5.3 焊缝质量要求及焊接方法

1. 焊缝质量要求

强度和密封性：焊缝应具有足够的强度和密封性，能够满足工程结构的设计要求。

表面平整度：焊接表面应平整，无凹凸、气孔和裂纹等缺陷。

尺寸精度：焊接尺寸应符合设计要求，且焊缝应均匀且无过大偏差。

符合标准：焊缝应符合相关标准和规范的要求，如焊接接头的几何尺寸、焊钳尺寸等。

1）保证项目

（1）焊接材料应符合设计要求和有关标准的规定，应检查质量证明书及烘烤记录。

（2）Ⅰ、Ⅱ级焊缝必须经探伤检验，并应符合设计要求和施工及验收规范的规定，检查焊缝探伤报告。

（3）焊缝表面Ⅰ、Ⅱ级焊缝不得有裂纹、焊瘤、烧穿、弧坑等缺陷。Ⅱ级焊缝不得有表面气孔、夹渣、弧坑、裂纹、电弧擦伤等缺陷，且Ⅰ级焊缝不得有咬边、未焊满等缺陷。

2）基本项目

（1）焊缝外观。焊缝外形均匀，焊道与焊道、焊道与基本金属之间过渡平滑，焊渣和飞溅物清除干净。

（2）表面气孔。Ⅰ、Ⅱ级焊缝不允许；Ⅲ级焊缝每 50mm 长度焊缝内允许直径 $\leqslant 0.4t$ 且 $\leqslant 3mm$ 的气孔 2 个；气孔间距 $\leqslant 6$ 倍孔径。

（3）咬边。Ⅰ级焊缝不允许；Ⅱ级焊缝：咬边深度 $\leqslant 0.05t$ 且 $\leqslant 0.5mm$，连续长度 $\leqslant$ 100mm，且两侧咬边总长 $\leqslant 10\%$ 焊缝长度；Ⅲ级焊缝：咬边深度 $\leqslant 0.1t$ 且 $\leqslant 1mm$。注：t 为连接处较薄的板厚。

（4）允许偏差项目，如表 4-26 所示。

表 4-26　允许偏差项目

焊缝质量等级 检测项目	Ⅱ级	Ⅲ级
未焊满	≤0.2＋0.02t 且≤1mm,每 100mm 长度焊缝内未焊满累积长度≤25mm	≤0.2＋0.04t 且≤2mm,每 100mm 长度焊缝内未焊满累积长度≤25mm
根部收缩	≤0.2＋0.02t 且≤1mm,长度不限	≤0.2＋0.04t 且≤2mm,长度不限
咬边	≤0.05t 且≤0.5mm,连续长度≤100mm,且焊缝两侧咬边总长≤10％焊缝全长	≤0.1t 且≤1mm,长度不限
裂纹	不允许	允许存在长度≤5mm 的弧坑裂纹
电弧擦伤	不允许	允许存在个别电弧擦伤
接头不良	缺口深度≤0.05t 且≤0.5mm,每 1000mm 长度焊缝内不得超过 1 处	缺口深度≤0.1t 且≤1mm,每 1000mm 长度焊缝内不得超过 1 处
表面气孔	不允许	每 50mm 长度焊缝内允许存在直径≤0.4t 且≤3mm 的气孔 2 个;孔距应≥6 倍孔径
表面夹渣	不允许	深度≤0.2t,长度≤0.5t 且≤20mm

2. 焊接方法

焊接方法有:手弧焊、钨极气体保护电弧焊、等离子弧焊、管状焊丝电弧焊、电阻焊、电子束焊、激光焊、钎焊、电渣焊、高频焊、气焊等。

1) 手弧焊

手弧焊是各种电弧焊方法中发展最早、目前仍然应用最广的一种焊接方法。它是以外部涂有涂料的焊条作电极和填充金属,电弧是在焊条的端部和被焊工件表面之间燃烧,如图 4-76 所示。

图 4-76　手弧焊

涂料在电弧热作用下,一方面可以产生气体以保护电弧,另一方面可以产生熔渣覆盖在熔池表面,防止熔化金属与周围气体的相互作用。熔渣的重要作用是与熔化金属产生物理化学反应或添加合金元素,改善焊缝金属性能。

2) 钨极气体保护电弧焊

钨极气体保护电弧焊是一种不熔化极气体保护电弧焊,是利用钨极和工件之间的电弧使金属熔化而形成焊缝的。焊接过程中钨极不熔化，只起电极的作用，如图 4-77 所示。同时由焊炬的喷嘴送进氩气或氦气作保护，还可根据需要另外添加金属（在国际上通称为 TIG 焊）。

3）等离子弧焊

等离子弧焊也是一种不熔化极电弧焊。它是利用电极和工件之间的压缩电弧（也称转发转移电弧）实现焊接的，如图 4-78 所示。所用的电极通常是钨极，产生等离子弧的等离子气可用氩气、氮气、氢气或其中二者的混合气。同时还通过喷嘴用惰性气体保护。焊接时可以外加填充金属，也可以不加填充金属。

图 4-77 钨极气体保护电弧焊

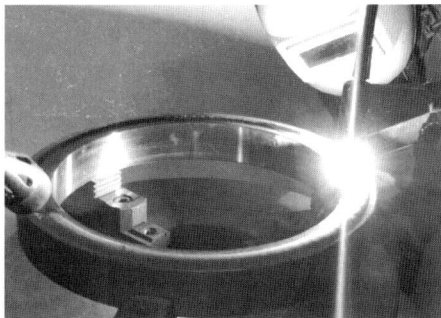

图 4-78 等离子弧焊

4）管状焊丝电弧焊

管状焊丝电弧焊也是利用连续送进的焊丝与工件之间燃烧的电弧为热源进行焊接的，可以认为是熔化极气体保护焊的一种类型，如图 4-79 所示。所使用的焊丝是管状焊丝，管内装有各种组分的焊剂。焊接时，外加保护气体主要是 CO_2。焊剂受热分解或熔化，起着造渣保护熔池、渗合金及稳弧等作用。

5）电阻焊

电阻焊是以电阻热为能源的一类焊接方法，包括以熔渣电阻热为能源的电渣焊和以固体电阻热为能源的电阻焊，如图 4-80 所示。

图 4-79 管状焊丝电弧焊

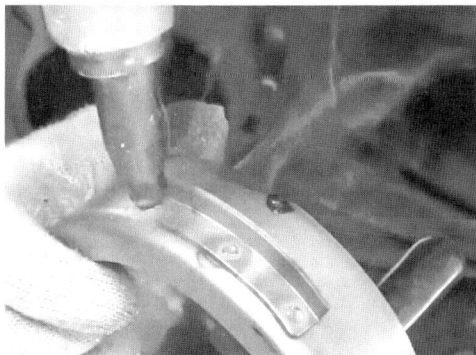

图 4-80 电阻焊

6）电子束焊

电子束焊是以集中的高速电子束轰击工件表面时所产生的热能进行焊接的方法。电子束焊接时,由电子枪产生电子束并加速。常用的电子束焊有:高真空电子束焊、低真空电子束焊和非真空电子束焊。前两种方法都是在真空室内进行,如图 4-81 所示。焊接准备时间(主要是抽真空时间)较长,工件尺寸受真空室大小限制。

7) 激光焊

激光焊是利用大功率相干单色光子流聚焦而成的激光束为热源进行的焊接。这种焊接方法通常包括连续功率激光焊和脉冲功率激光焊,如图 4-82 所示。

图 4-81 电子束焊

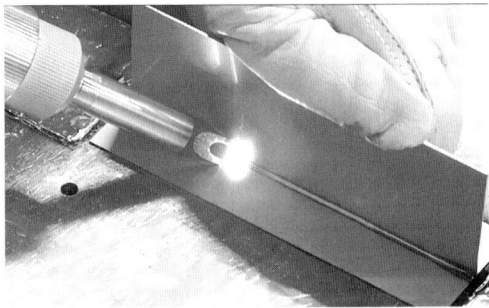

图 4-82 激光焊

8) 钎焊

钎焊的能源可以是化学反应热,也可以是间接热能。它是利用熔点比被焊材料熔点低的金属作钎料,经过加热使钎料熔化,毛细管作用将钎料吸入接头接触面的间隙内,润湿被焊金属表面,使液相与固相之间相互扩散而形成钎焊接头,如图 4-83 所示。因此,钎焊是一种固相兼液相的焊接方法。

9) 电渣焊

电渣焊是以熔渣的电阻热为能源的焊接方法。焊接过程是在立焊位置、在由两工件端面与两侧水冷铜滑块形成的装配间隙内进行。焊接时利用电流通过熔渣产生的电阻热将工件端部熔化。根据焊接时所用的电极形状,电渣焊分为丝极电渣焊、板极电渣焊和熔嘴电渣焊,如图 4-84 所示。

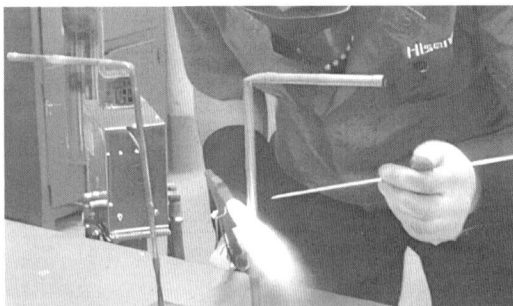

图 4-83 钎焊

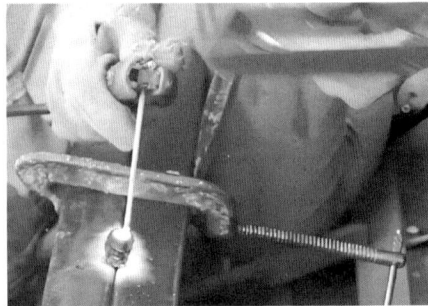

图 4-84 电渣焊

10) 高频焊

高频焊是以固体电阻热为能源。焊接时利用高频电流在工件内产生的电阻热使工件焊接区表层加热到熔化或接近熔化的塑性状态,随即施加(或不施加)顶锻力而实现金属的结合。因此,它是一种固相电阻焊方法,如图 4-85 所示。

11) 气焊

气焊是以气体火焰为热源的一种焊接方法。应用最多的是以乙炔气体作燃料的氧乙炔火焰。设备简单使用方便,但气焊加热速度及生产率较低,热影响区较大,且容易引起较大的变形。因此,气焊是一种利用气体火焰作热源,使金属熔化以实现连接的熔化焊方法。如图 4-86 所示。

图 4-85　高频焊　　　　　　　　　　　图 4-86　气焊

以上方法需要根据具体工程需求和工件特性进行选择和操作,确保焊接质量和安全。

4.5.4　使用气体保护焊机进行平接焊缝焊接示例

1. 气保焊板材处理

使用气体保护焊机对 12mm 板进行平接焊缝单面焊,选用两块尺寸适宜的 12mm 厚低碳钢板,长和宽可根据实际需求确定。利用剪板机或等离子切割机将板材边缘切割整齐,确保边缘垂直度和平整度符合要求,避免出现缺口、毛刺等影响焊接质量的瑕疵。

2. 间隙把控与固定要点

将两块板材放置在稳固的工作台上,使用专用夹具进行定位和固定。按照要求装配间隙起弧端不低于 2.5mm,收弧端控制在 3.0~3.5mm,以保证焊接过程中熔池的形成和填充,如图 4-87 所示。

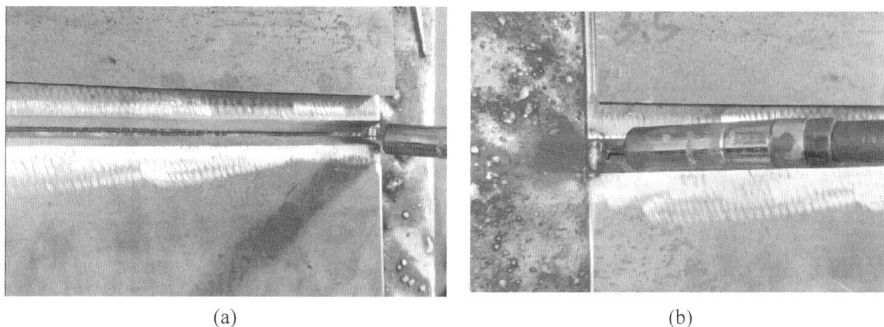

(a)　　　　　　　　　　　　　　　　(b)

图 4-87　装配间隙

(a) 起弧端;(b) 收弧端

3．电流、电压与气体流量调控

打开气体保护焊机电源开关和二氧化碳气瓶阀门，调节气体流量计，使气体流量控制在 15～20L/min。流量过大易产生紊流，过小则无法有效保护焊接区域。焊接电流调节至 100～110A，此电流范围适用于 1.2mm 焊丝对 12mm 板进行平焊操作。根据实际焊接情况，可适当微调电流大小，以获得最佳的焊接效果。调节焊接电压，一般电压与电流须匹配，对于本次焊接，电压可控制在 18～20V，通过观察焊接过程中电弧的稳定性和熔滴过渡情况，进一步优化电压参数。

4．焊枪姿势与运条手法

穿戴好防护面罩和手套，手持焊枪，使焊枪喷嘴与焊件表面保持 15～20mm 的距离，并与焊接方向呈 70°～80°。采用正月牙形运条方式，焊枪沿着焊接方向缓慢、均匀地向前移动，在运条过程中，焊枪的摆动幅度要适中，保证焊缝宽度均匀，熔池能够充分填满，如图 4-88 所示。

5．焊接完成后的外观验收

焊接完成后，待焊缝冷却至常温，用肉眼观察焊缝外观。焊缝表面应光滑，无明显的气孔、裂纹、夹渣、咬边等缺陷，焊缝余高应控制在 0～4mm，过高或过低的余高都可能影响焊缝的性能，如图 4-89 所示。

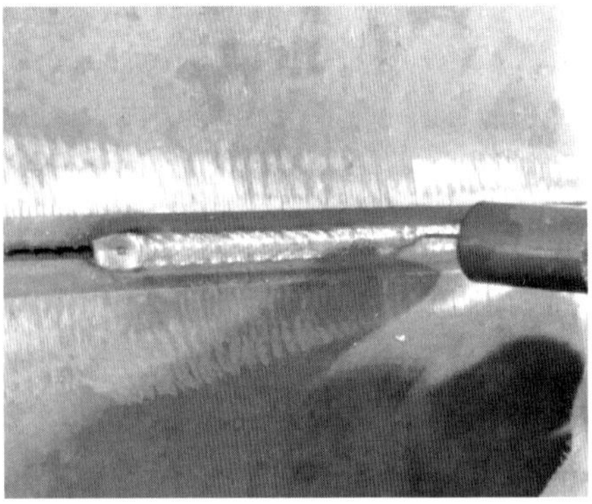

图 4-88　焊接角度

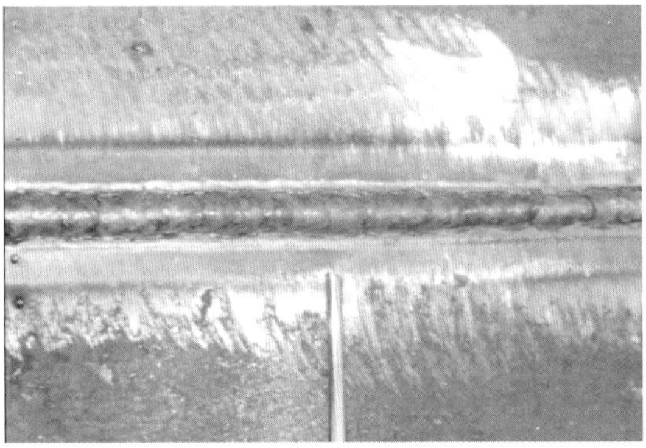

图 4-89　焊接完成

4.6　课后思考题

一、选择题

1．钢筋的横截面形状通常为（　　）。

　　A．圆形　　　　　B．方形　　　　　C．三角形　　　　　D．椭圆形

答案：A

2．钢筋按力学性能分类，HRB400 属于的级别是（　　）。

　　A．Ⅰ级　　　　　B．Ⅱ级　　　　　C．Ⅲ级　　　　　D．Ⅳ级

答案：C

3. 钢筋在混凝土结构中起的作用是( )。
    A. 提供色彩 　　　　　　　　　　B. 增加重量
    C. 提供结构强度 　　　　　　　　　D. 提供防水功能

答案：C

4. 箍筋在梁和柱中主要承担的应力是( )。
    A. 拉应力 　　　　B. 压应力 　　　　C. 剪应力 　　　　D. 扭应力

答案：C

5. 焊接符号的基本符号中,"V"形符号代表( )。
    A. I形焊缝 　　　　B. 角焊缝 　　　　C. V形焊缝 　　　　D. 点焊缝

答案：C

6. 基准线上的符号方向不随箭头线方向的变化而变化,这一规则适用于( )。
    A. 所有符号 　　　　B. 基本符号 　　　　C. 辅助符号 　　　　D. 尾部符号

答案：B

7. 焊接接头的几何尺寸和焊钳尺寸应符合( )。
    A. 个人偏好 　　　　　　　　　　B. 相关标准和规范
    C. 随意调整 　　　　　　　　　　D. 最低成本

答案：B

8. 混凝土浇筑前,应对模板进行的工作是( )。
    A. 清洗 　　　　　　　　　　　　B. 加热
    C. 检查和调整 　　　　　　　　　D. 涂漆

答案：C

9. 钢筋绑扎连接中,钢筋的切割应使用的工具是( )。
    A. 锤子 　　　　B. 钢筋剪 　　　　C. 电钻 　　　　D. 铲子

答案：B

10. 钢筋弯曲机主要用于钢筋的加工方式是( )。
    A. 切割 　　　　B. 弯曲 　　　　C. 打磨 　　　　D. 焊接

答案：B

11. 钢筋绑扎时,绑扎线的作用是( )。
    A. 增加钢筋强度 　　　　　　　　B. 固定钢筋位置
    C. 防止钢筋锈蚀 　　　　　　　　D. 提高混凝土强度

答案：A

12. 焊缝符号的尾部符号标于箭头线的尾部,开口对称于基准线的度数是( )。
    A. 45° 　　　　B. 60° 　　　　C. 90° 　　　　D. 180°

答案：C

13. 焊缝的辅助符号表示( )。
    A. 焊缝的横截面形状 　　　　　　B. 焊缝的表面形状特征
    C. 焊缝的长度 　　　　　　　　　D. 焊缝的位置

答案：B

14. 当焊缝在箭头侧时,基本符号标在基准线的部位是(　　)。

    A. 实线侧 　　　　　　B. 虚线侧 　　　　　　C. 上方 　　　　　　D. 下方

答案:A

15. 在螺栓连接中,扭剪型高强度螺栓的尾部特点是(　　)。

    A. 连着一个方形头

    B. 连着一个梅花头,梅花头与螺栓尾部之间有沟槽

    C. 没有特殊结构

    D. 呈弯钩状

答案:B

二、填空题

1. 钢筋按直径大小分为_____、_____和_____。

答案:钢丝、细钢筋、粗钢筋

2. 钢筋按生产工艺分为_____、_____、_____和_____。

答案:热轧、冷轧、冷拉、热处理

3. 焊缝符号的基本符号中,"X"形符号代表_____。

答案:X形焊缝

4. 焊缝符号的辅助符号中,"—"表示_____。

答案:表面光滑

5. 焊缝符号的补充符号中,"="表示_____。

答案:等长焊缝

6. 焊接接头的几何尺寸应符合_____。

答案:相关标准和规范

7. 混凝土浇筑前,应对模板进行_____。

答案:检查和调整

8. 箍筋形式多样,包括单肢箍筋、开口矩形箍筋、封闭矩形箍筋等,其最小直径与_____有关。

答案:梁高

9. 钢筋机械连接中,螺纹套筒连接分为直螺纹连接和_____。

答案:锥螺纹连接

10. 扭剪型高强度螺栓尾部连着梅花头,终拧时梅花头沿沟槽被拧断,表示_____已达到规定的值。

答案:预拉力

11. 灌浆料储存时,温度一般应控制在_____之间,避免过高或过低影响其质量。

答案:5~35℃

12. 座浆料应存放在干燥、阴凉的环境,理想存储温度应低于_____。

答案:20℃

13. 螺栓按制作精度分为A、B、C级,其中C级为粗制螺栓,常与_____类孔匹配应用。

答案:Ⅱ

14. 模板拆除时,墙模板在混凝土强度达到_____ MPa,能保证其表面及棱角不因拆除而损坏时方能拆除。

答案:1.2

15. 钢筋机械连接中,轴向挤压连接施工时,压接顺序应从_____向两端压接。

答案:中间

三、思考题

1. 试简述钢筋绑扎操作流程。

答:操作步骤:

(1)准备工作,包括材料和工具的准备。

(2)测量定位,根据设计图纸进行测量和标记。

(3)钢筋切割,根据测量结果切割钢筋。

(4)钢筋弯曲,根据设计要求使用钢筋弯曲机进行弯曲。

(5)钢筋布置,根据设计要求布置钢筋。

(6)钢筋绑扎,使用扎丝固定钢筋。

注意事项:

(1)确保钢筋和绑扎线的质量良好。

(2)确保检查测量结果和标记的准确性。

(3)使用适当的工具进行钢筋切割和弯曲。

(4)确保钢筋布置符合设计要求。

(5)绑扎钢筋时,确保扎丝的牢固性。

2. 钢筋机械连接有哪些方式?

答:钢筋机械连接常见方式包括:

(1)螺纹套筒连接:分为直螺纹连接和锥螺纹连接。直螺纹连接借助机械装置和螺纹套筒连接钢筋,适用于大直径、高强度钢筋;锥螺纹连接将钢筋连接端加工成锥螺纹,利用其自锁性和密封性连接钢筋,施工便捷。

(2)套筒灌浆连接:通过在中空套筒内填充高强度微膨胀砂浆连接钢筋,分为全灌浆和半灌浆接头。

(3)浆锚搭接连接:在混凝土预埋波纹管,穿入钢筋后灌浆,利用多重界面体系锚固钢筋。

(4)径向挤压连接:在两根带肋钢筋端部套钢套筒,用超高压设备沿径向挤压套筒,使其与钢筋紧密结合,适用于特定规格带肋钢筋连接,接头强度高,施工便捷。

(5)轴向挤压连接:沿钢筋轴线冷挤压套筒来连接两根热轧带肋钢筋,施工有严格参数要求,连接后须检验质量,确保符合规范。

(6)套筒挤压连接:将两根待接钢筋端头插入钢套管,用挤压机侧向加压使套筒与钢筋咬合连接,操作有标记、选套筒、挤压等步骤。

3. 简述水平构件连接进行混凝土浇筑的注意事项。

答:水平构件连接进行混凝土浇筑时,须做好前期准备、过程控制以及后续施工安排,确保混凝土浇筑质量和构件连接的稳定性。

（1）浇筑前准备：清除叠合面上杂物、浮浆及松散骨料，表面干燥时洒水润湿但不得积水。

（2）浇筑过程控制：浇筑宜从中间向两边进行；在叠合构件与现浇构件交接处，要加密振捣点并延长振捣时间；浇筑时注意不得移动预埋件位置，也不能污染其连接部位。

（3）后续施工要求：叠合构件的叠合层混凝土同条件立方体抗压强度达到设计强度等级值的 75% 后，才能拆除下一层支撑。

第 **5** 章

部 品 安 装

5.1 外挂墙板和内隔墙板安装

《标准》对应内容			本书对应内容
职业功能	工作内容	技能要求	书内目录
3. 部品安装	3.1 外挂墙板和内隔墙板安装	3.1.1 能识别外挂墙板和内隔墙板型号 3.1.2 能对进场外挂墙板和内隔墙板进行成品保护 3.1.3 能检查外挂墙板和内隔墙板安装位置	5.1.1 外挂墙板和内隔墙板编号方法 5.1.2 外挂墙板和内隔墙板成品保护要求 5.1.3 外挂墙板和内隔墙板位置标注方法

5.1.1 外挂墙板和内隔墙板编号方法

装配式建筑作为一种现代建筑技术,通过预制构件的组装来实现建筑的快速、高效、环保的建造。其中,外挂墙板和内隔墙板作为装配式建筑的重要组成部分,其编号方法对丁确保施工过程中的准确识别、快速安装以及后续维护管理具有重要意义。以下将详细阐述装配式建筑中外挂墙板和内隔墙板的编号方法。

1. 外挂墙板编号

外挂墙板作为装配式建筑的外围护结构,不仅具有保温、隔热、防水等功能,还影响着建筑的整体外观。因此,外挂墙板的编号方法需要既满足施工需要,又能体现设计的意图。

1)编号原则

(1)唯一性原则

每个外挂墙板应具有唯一的编号,确保在整个项目中不会出现重复编号,从而避免混淆和误用。这要求编号系统必须严格管理,确保每个编号的唯一性。

（2）简洁性原则

编号应简洁明了，方便施工人员快速识别。编号不宜过长或过于复杂，应易于记忆和输入。简洁的编号有助于提高工作效率，减少出错的可能性。

（3）逻辑性原则

编号应具有一定的逻辑性，能够反映外挂墙板的位置、尺寸、材质等信息。通过编号，施工人员可以迅速了解外挂墙板的基本属性和安装要求，便于施工管理和质量控制。

（4）分类原则

根据外挂墙板的类型、用途或材质等属性进行分类编号，有助于更好地组织和管理外挂墙板。分类编号可以使查找和替换特定类型的外挂墙板更加方便快捷。

（5）层次性原则

对于大型装配式建筑项目，可以采用层次性编号原则。按照建筑结构的层次关系，从大到小逐级编号，如楼层、区域、构件等，以便于定位和跟踪外挂墙板的位置和状态。

（6）可追溯性原则

编号应包含足够的信息，以便追溯外挂墙板的来源、生产日期、生产批次等关键信息。这有助于在出现问题时进行质量追溯和责任追究。

（7）标准化原则

制定统一的编号规则和格式，确保整个项目中外挂墙板编号的一致性。标准化原则有助于减少混淆和误用，提高项目管理的效率和质量。

（8）信息化与智能化原则

利用信息化和智能化手段，可以进一步提高编号系统的效率和准确性。例如，采用二维码、RFID 等技术对外挂墙板进行标识和跟踪，实现信息的快速录入和查询；通过数据分析工具对编号数据进行统计分析，为项目管理提供决策支持。

装配式外挂墙板编号原则是一个综合性的系统，旨在确保编号的唯一性、简洁性、逻辑性、分类性、层次性、可追溯性、标准化和信息化与智能化原则。通过遵循这些原则，可以更有效地管理外挂墙板，提高施工效率和质量。

2）编号方法

（1）确定编号项目范围：根据建筑的设计图纸和施工方案，确定需要编号的外挂墙板项目使用范围，例如：

PB：项目代码（project base）

WB：外挂墙板代码（wall board）

（2）划分编号区域：根据建筑的立面划分和楼层分布，将外挂墙板划分为不同的编号区域。每个区域可以对应一个楼层或一个立面，例如：

FLR：楼层代码（floor level）

（3）制定编号规则：根据外挂墙板的位置、尺寸、材质、颜色等信息，制定具体的编号规则。可以采用"楼层＋立面＋尺寸＋材质＋颜色"的方式进行编号，例如：

AXIS：方位代码（axis reference）

SERIAL：序列号（serial number）

MATERIAL：材料代码（material code）

COLOR：颜色代码（color code）

（4）编制编号清单：根据编号规则，为每个外挂墙板编制唯一的编号，并编制相应的编号清单。清单中应包含外挂墙板的编号、尺寸、材质、安装位置等信息。

示例：编号"PB-WB-03-E-005-ST-BEIGE"可以解释为：

PB：项目代码

WB：表示外挂墙板

03：位于第3层

E：东侧

005：东侧的第5块板

ST：标准材料（standard material）

BEIGE：米色

3）编号应用

在施工过程中，外挂墙板的编号可应用于以下几个方面。

（1）材料管理

通过编号，可以方便地对外挂墙板进行库存管理、运输和分发，确保材料的有序使用。

（2）安装指导

施工人员可以根据编号清单，快速找到对应的外挂墙板，并按照编号顺序进行安装，提高施工效率。

（3）质量追溯

通过编号，可以追溯到每个外挂墙板的生产、检验、运输和安装过程，为质量控制提供依据。

2. 内隔墙板编号方法

内隔墙板作为装配式建筑内部空间划分的重要组成部分，其编号方法同样具有重要意义。合理的编号方法有助于快速识别内隔墙板的位置、尺寸和材质等信息，提高施工效率。

1）编号原则

内隔墙板的编号应遵循以下原则。

（1）连续性原则

内隔墙板的编号应具有连续性，能够反映其在建筑内部的相对位置关系。

（2）明确性原则

编号应明确表示内隔墙板的尺寸、材质等信息，方便施工人员识别和使用。

（3）灵活性原则

编号方法应具有一定的灵活性，能够适应不同建筑布局和设计方案的需求。

2）编号方法

内隔墙板可以采用以下步骤进行编号。

（1）确定项目编号范围

项目标识是项目的唯一编码或缩写，用来区分不同项目之间的内隔墙板。根据建筑的设计图纸和施工方案，确定需要编号的内隔墙板项目的使用范围，例如：

P：项目标识

NG：内隔墙板类型代码

（2）划分编号区域

根据建筑的平面布局和楼层分布,将内隔墙板划分为不同的编号区域。每个区域可以对应一个楼层或一个功能区域,例如：

LR：楼层代码

RM：房间代码

（3）制定编号规则

根据内隔墙板的位置、尺寸等信息,制定具体的编号规则。例如,可以采用"楼层＋区域＋位置＋尺寸"的方式进行编号。

SN：序列号

DIM：尺寸或特殊属性代码

（4）编制编号清单

根据编号规则,为每个内隔墙板编制唯一的编号,并编制相应的编号清单。清单中应包含内隔墙板的编号、尺寸、材质、安装位置等信息。

示例：编号"XYZ-NG-04-OFF-003-100×250"可以解释为：

XYZ：项目代码

NG：内隔墙板

04：位于第 4 层

OFF：办公室区域

003：办公室区域内的第三面内隔墙板

100×250：墙的尺寸为宽 100cm 高 250cm

3）编号应用

在施工过程中,内隔墙板的编号可应用于以下几个方面。

（1）材料管理

通过编号,可以方便地对内隔墙板材进行库存管理、运输和分发,确保材料的有序使用。

图 5-1　内隔墙板的库存管理

① 材料识别与追踪

每个内隔墙板都有唯一的编号,这使得施工人员可以轻松地识别每个板件。在施工现场,施工人员可以通过查看编号快速确认板件的类型、尺寸和安装位置,从而提高施工效率。同时,编号系统还可以用于追踪板件的来源、生产日期和批次等信息,有助于进行质量追溯和责任追究。

② 库存管理

通过编号系统,可以方便地记录和查询内隔墙板的库存情况。当新的板件到达现场时,可以将其编号录入系统,以便追踪其存放位置和数量。当需要使用板件时,可以通过系统查询找到相应的编号,从而快速定位到所需的板件,如图 5-1 所示。

③ 材料调配与协调

在大型项目中,可能涉及多个施工团队和多个施工阶段。通过编号系统,可以协调不同团队之间的材料调配和使用,确保每个阶段都能获得所需的板件。同时,编号系统还可以用于记录板件的使用情况和剩余数量,以便及时补充和调整材料计划。

（2）安装指导

施工人员可以根据编号清单,快速找到对应的内隔墙板材,并按照编号顺序进行安装,提高施工效率。

① 精准定位与安装

每个内隔墙板都有唯一的编号,方便施工人员准确地识别每个板件,并知道其在建筑中的确切位置。通过查看编号,施工人员可以迅速找到需要安装的板件,并将其放置在正确的位置上,避免了因误放或混淆导致的安装错误。

② 安装顺序与流程优化

编号系统还可以用于指导安装顺序和流程。根据编号的顺序和逻辑关系,施工人员可以确定哪些板件应该先安装,哪些板件应该后安装,从而优化安装流程,提高工作效率。

③ 错误检查与纠正

通过对比编号和安装图纸或计划,施工人员可以及时发现并纠正安装过程中的错误。如果某个位置的板件编号与图纸不符,很可能是安装位置出现了偏差,可以及时进行调整,确保安装质量。

④ 安装进度跟踪

编号系统还可以用于跟踪安装进度。通过记录每个编号板件的安装情况,可以清楚地了解哪些板件已经安装完成,哪些板件还需要继续安装,从而帮助项目管理人员掌握安装进度,及时调整施工计划。

⑤ 质量追溯与责任明确

在安装过程中,如果出现质量问题或安全事故,可以通过编号系统追溯到具体的板件和安装人员,从而明确责任并进行相应的处理。这有助于加强施工质量的控制和安全管理。

（3）质量追溯

通过编号,可以追溯到每个内隔墙板材的生产、检验、运输和安装过程,为质量控制提供依据。

① 精确识别问题源头

每个内隔墙板都有唯一的编号,当出现质量问题时,可以通过编号迅速定位到具体的内隔墙板,从而精确识别问题的源头。这有助于避免对整个施工过程的盲目排查,提高了解决问题的效率。

② 记录与追溯施工信息

编号系统可以与施工记录相结合,记录每个内隔墙板的安装时间、安装人员、安装位置等信息。当需要进行质量追溯时,可以根据编号查阅这些记录,了解内隔墙板的施工情况,为分析质量问题提供重要依据。

③ 责任明确与追责

通过编号系统,可以明确每个内隔墙板的安装责任人和相关施工团队。当发生质量问题时,可以迅速追溯到责任人,进行责任明确与追责。这有助于强化施工人员的质量意识和责任心,减少质量问题的发生。

④ 改进施工工艺与质量管理

通过对内隔墙板编号的质量追溯,可以分析施工过程中的质量问题及其原因,找出施工工艺或管理上的不足。基于这些分析,可以对施工工艺进行改进,优化质量管理措施,从而提高整个施工项目的质量水平。

内隔墙板编号在施工中对质量追溯具有重要意义,它能够帮助项目管理人员精确识别问题源头,明确责任,改进施工工艺和质量管理,从而提高施工项目的整体质量。

3. 编号方法的优化与改进

随着装配式建筑技术的不断发展和应用,外挂墙板和内隔墙板的编号方法也需要不断优化和改进。

装配式建筑中外挂墙板和内隔墙板的编号方法是一个系统而复杂的工作。通过制定合理的编号原则、采用具体的编号方法、应用于实践并不断优化改进,可以实现对装配式建筑高效、精确的质量管理。在未来的发展中,随着技术的不断进步和应用需求的不断变化,这一方法也将不断完善和发展。在实际应用中,需要根据具体情况进行调整和完善,以确保其适应性和有效性。同时,也需要不断学习和借鉴国内外的先进经验和技术,推动装配式建筑技术的不断发展和进步。

5.1.2　外挂墙板和内隔墙板成品保护要求

随着建筑技术的不断进步,装配式建筑以其高效、环保、质量可控等优点逐渐得到广泛应用。然而,由于装配式建筑采用的是预制构件进行组装,其外挂墙板和内隔墙板等成品在运输、存储、安装及后续使用过程中,都面临着不同程度的损伤风险。因此,对这些成品进行有效的保护,是确保建筑质量、延长使用寿命的关键环节。

1. 成品保护原则与目标

成品保护的原则主要包括预防为主、综合治理、责任到人等;而成品保护的目标则是确保外挂墙板和内隔墙板在运输、存储、安装以及使用过程中,保持完好无损、性能稳定,从而达到延长使用寿命、提高建筑质量的目的。

2. 运输过程中的保护要求

1)包装要求

外挂墙板和内隔墙板在出厂前应进行妥善包装,以防止在运输过程中受到撞击、划伤等损伤。包装材料应选用具有足够强度和韧性的材料,如泡沫板、塑料薄膜等,并确保包装紧密、牢固,如图5-2所示。

2)运输要求

在运输车辆上堆放外挂墙板和内隔墙板时,应遵循平稳、牢固的原则。避免过高或过宽的堆放,以防止因重心不稳或车辆颠簸导致的倒塌或滑动。同时,还应注意堆放顺序和位置,避免相互挤压或摩擦。在运输和装卸过程中,要轻拿轻放,避免猛踩、猛拖、掉落等行为,如图5-3所示。

图 5-2　包装要求

图 5-3　运输要求

3）固定要求

为确保外挂墙板和内隔墙板在运输过程中的安全，应采用合适的固定措施。如使用绳索、卡扣等将成品与车辆固定在一起，防止因车辆颠簸或急刹车导致的位移或碰撞，如图 5-4 所示。

4）存储要求

如果长时间不使用，可以对装配式墙板进行包装存储不宜放在潮湿、通风不良的地方，以避免受到外界各种不利因素的影响，导致钢筋锈蚀或板面磨损，如图 5-5 所示。

图 5-4　固定要求

图 5-5　包装存储

3. 存储过程中的保护要求

1）环境要求

外挂墙板和内隔墙板应存储在干燥、通风、无阳光直射的环境中。避免长时间暴露在潮湿、高温或强光照射下，以防止材料老化、变形或褪色，如图 5-6 所示。

2）堆放要求

在存储场所内堆放外挂墙板和内隔墙板时，应确保堆放整齐、稳固。装配式墙板的存放高度一般不得超过 2m，不宜叠放，避免过高或过密地堆放，以防止因重力作用导致的变形或损坏。如图 5-7 所示。

图 5-6　存储环境

图 5-7　存储场所堆放要求

3）定期检查

定期对存储的外挂墙板和内隔墙板进行检查，及时发现并处理可能存在的损伤或变形问题。对于发现的损伤或变形问题，应及时进行修复或更换，以确保成品的完好性。

4. 安装过程中的保护要求

1）安装顺序

在安装外挂墙板和内隔墙板时，应遵循合理的安装顺序。先进行基础构件的安装，再进行外挂墙板和内隔墙板的安装，以确保整体结构的稳定性和安全性。

2）防护措施

在安装过程中，应采取必要的防护措施，以防止成品受到损伤。如使用防护垫、防护布等对成品进行包裹或覆盖，避免在安装过程中受到划伤或撞击。

3）安装精度

确保外挂墙板和内隔墙板的安装精度，避免因安装不当导致的变形或开裂等问题。在安装过程中，应严格按照施工图纸和安装说明进行操作，确保每个构件的位置和角度都准确无误。

5. 成品保护的责任与监督

1）责任明确

装配过程中，应明确各参与方的成品保护责任，包括生产厂家、运输单位、施工单位等，都应承担相应的成品保护义务和责任。

2）监督管理

建立成品保护监督管理制度，对成品保护工作进行定期检查和评估。对于发现的保护不到位或违规行为，应及时进行纠正和处理，确保成品保护工作的有效实施。

综上所述，装配式建筑中外挂墙板和内隔墙板的成品保护要求涉及多个方面和环节。从运输、存储到安装，都需要采取相应的保护措施，管理到位，以确保成品完好无损和性能稳定。同时，还需要明确各参与方的责任和义务，加强监督和管理力度，共同推动装配式建筑成品保护工作的不断提升和完善。

5.1.3　外挂墙板和内隔墙板图纸标注

1. 外挂墙板图纸标注

外挂墙板作为建筑的外围护结构，其图纸信息的准确标注对于确保施工质量和提高施工效率至关重要。

　　1）平面图纸标注

　　具体标注内容主要包括墙板的长度、宽度、厚度、安装高度以及与相邻构件的外轮廓等，如图 5-8 所示。

YWB-1正视图

埋件布置图

图 5-8　外挂墙板图纸标注

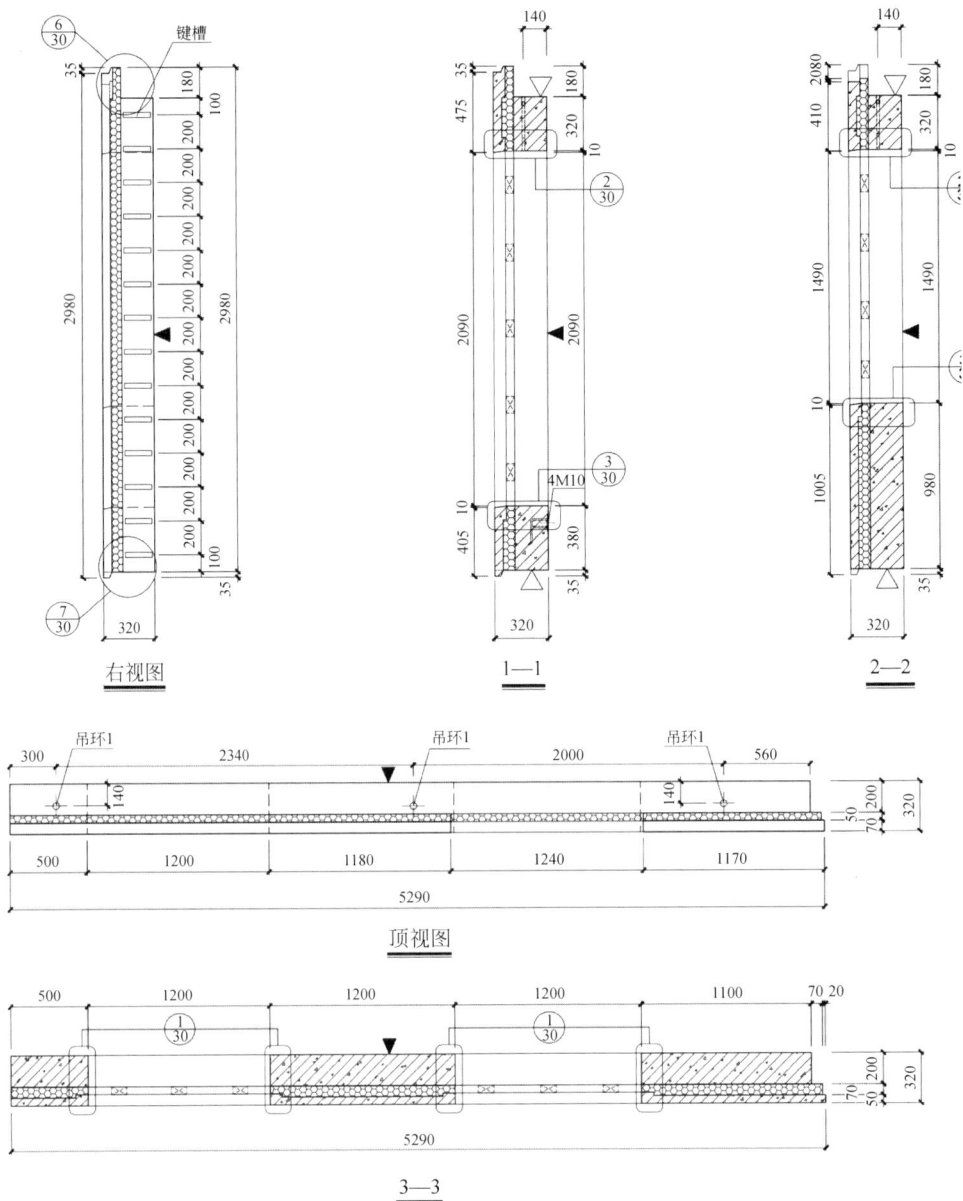

右视图　　　　1—1　　　　2—2

顶视图

3—3

图 5-8(续)

（1）确定比例尺和单位

首先,明确图纸的比例尺和使用的单位。通常使用毫米(mm)作为单位。

（2）墙板轮廓与位置

使用线条或符号清晰地标示出外挂墙板的轮廓和位置,有助于施工人员快速识别墙板的位置和形状。

（3）尺寸标注

墙板尺寸包括墙板的长度、宽度、厚度等关键尺寸,以确保施工人员了解墙板的实际大小。

（4）编号与定位

为每块墙板分配唯一的编号,并在图纸相应位置进行标注。有助于管理和追踪墙板信息,确保在施工现场能够正确定位和安装。

（5）材料标注

在图纸上注明墙板的材料类型、规格尺寸等信息,有助于施工人员了解墙板的性能要求,选择合适的安装方法和工具。

（6）注释与说明

对于特殊位置或需要特别注意的墙板,应在图纸上添加注释或说明。例如,指出墙板与其他构件的连接方式、安装顺序等。

2）节点连接图纸标注

图纸上应标注出墙板的节点连接方式、构造做法大样和其他构件的关系,如图 5-9 所示。

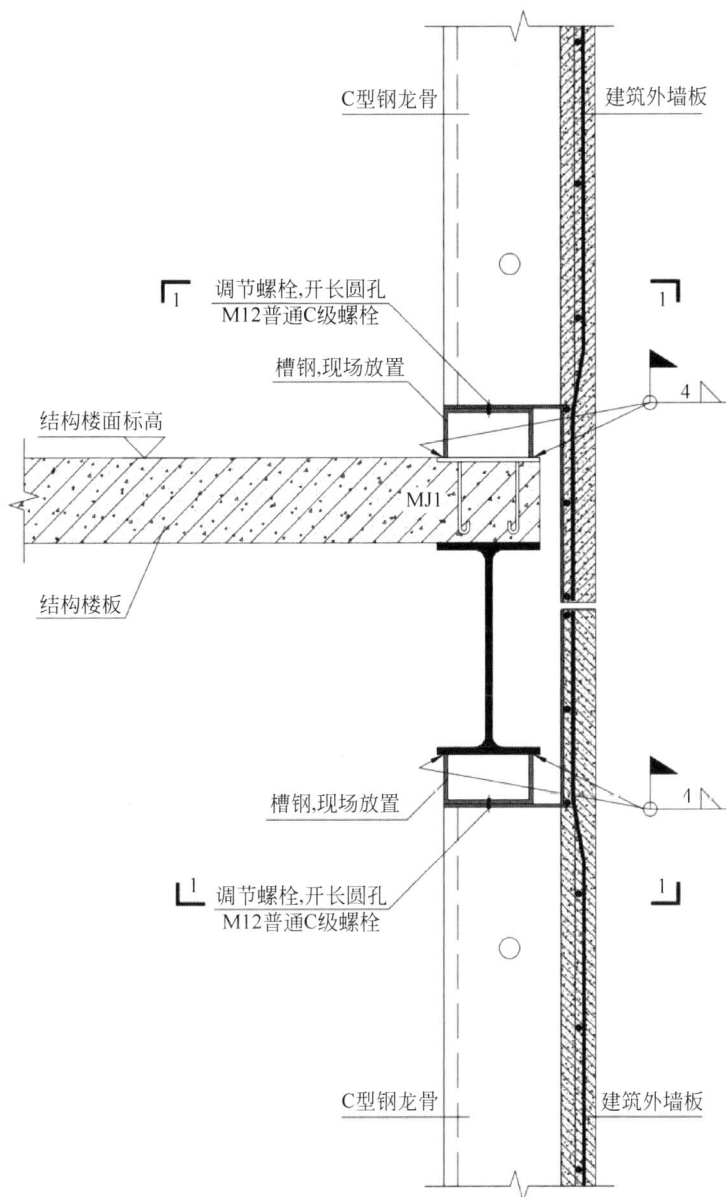

图 5-9　外挂墙板节点连接大样图

2. 内隔墙板图纸标注方法

内隔墙板作为装配式建筑室内空间的分隔构件,其位置的准确标注对于确保室内空间的布局和使用功能至关重要。

1) 室内平面图纸标注

室内平面图纸是标注内隔墙板位置的基础。在平面图纸上,应详细标注出内隔墙板的尺寸、位置和布局,如图 5-10 所示。标注内容包括墙板的长度、宽度、安装位置以及与相邻空间的分隔关系。同时,还应使用不同的线型和符号来区分不同类型的墙板,如轻质隔墙板、防火隔墙板等。

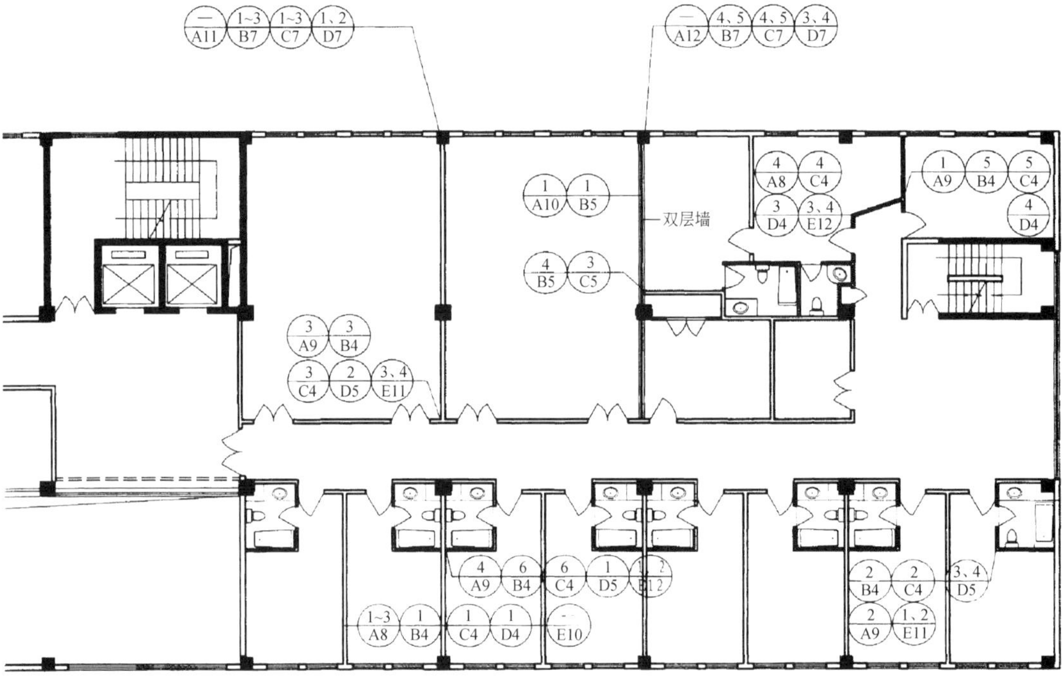

图 5-10   内隔墙板室内平面图纸标注

2) 立面图纸与剖面图纸标注

立面图纸和剖面图纸用于展示室内空间的立面效果和垂直结构关系,如图 5-11 所示。在立面图纸上,应标注出内隔墙板的立面位置、高度以及与天花板和地面的连接方式;在剖面图纸上,可以展示墙板与楼层结构的关系以及墙板内部的构造细节。这些标注有助于施工人员准确理解墙板的安装位置和构造做法。

总之,在装配式建筑中,外挂墙板和内隔墙板的图纸标注方法多种多样,应根据项目的实际情况选择合适的标注方法,以便施工人员能够正确理解并执行安装任务。

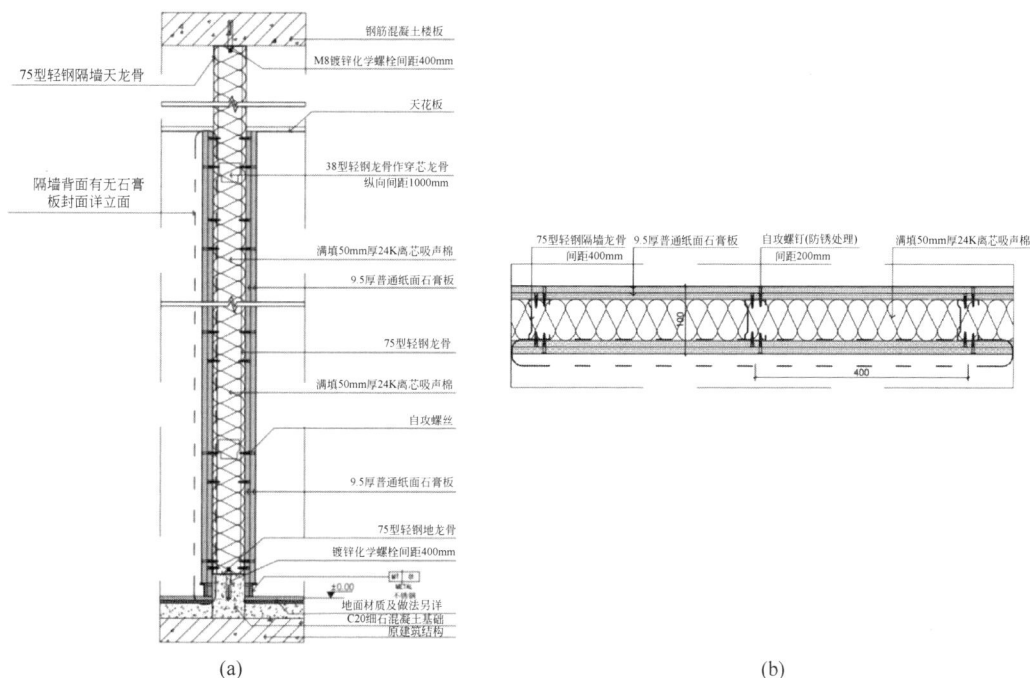

图 5-11　内隔墙板立面图纸与剖面图纸标注

（a）内隔墙板立面图纸示意；（b）内隔墙板剖面图纸示意

5.2　管线铺设与设备安装

《标准》对应内容			本书对应内容
职业功能	工作内容	技能要求	书内目录
3. 部品安装	3.2 管线铺设与设备安装	3.2.1 能核对管线设施的产品规格和型号 3.2.2 能对进场管线设施产品进行成品保护 3.2.3 能核对管线设施位置 3.2.4 能对预留预埋基面进行检查	5.2.1 管线设施产品规格、型号识别方法 5.2.2 管道设施产品的成品保护 5.2.3 管线设施图纸位置信息识读方法 5.2.4 预留预埋基面检查内容

5.2.1　管线设施产品规格、型号识别方法

1. 常用管线型号标注方法

1）常见标准表示方法

（1）DN 表示法

DN 是管道规格尺寸的国际通用表示方法，是指管道的内径大小。如"DN50"，表示管道的内径为 50mm，如图 5-12 所示。

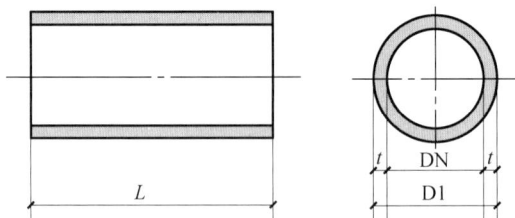

图 5-12　DN 表示法示意图

L—管长度；DN—管内径；D1—管外径；t—管壁厚度。

（2）NPS 表示法

NPS 是美国管道规格尺寸的表示方法，是指管道外径的大小。如"NPS4"，表示管道的外径为 4in。

（3）SCH 表示法

SCH 是 Schedule 的缩写，代表管道的承压能力等级。通常分为 SCH10、SCH20、SCH40、SCH80、SCH160，同一公称直径管的 SCH 标号越大壁厚也越大，如图 5-13 所示。其中 SCH40 是一种较为常用和通用的管道规格，其代表的管道具有中等壁厚、较高承压能力和强度，外径选择也较广，可满足大多数工业管道系统的要求。

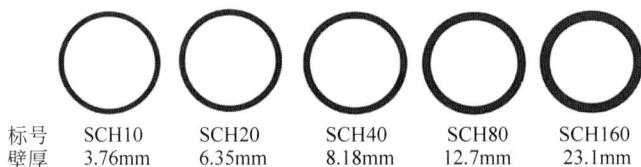

标号	SCH10	SCH20	SCH40	SCH80	SCH160
壁厚	3.76mm	6.35mm	8.18mm	12.7mm	23.1mm

图 5-13　公称直径 200mm 管道 SCH 不同标号壁厚的示意图

（4）PN 表示法

PN 是欧洲管道规格尺寸的表示方法，是指管道的公称压力等级。如"PN10"，表示管道的公称压力等级为 10。

（5）ANSI 标准符号表示方法

ANSI 标准符号表示方法是美国管道系统中常用的一种标识方法，用于标识管道系统中各种元件的类型和规格。如符号"ELB"表示管道弯头，符号"RED"表示管道异径管。

2）文字标识方法

除了标准符号表示方法外，管道规格型号也可以采用文字标识方法进行表示，具体有以下几种。

（1）直接表示法

直接表示法是指用一种语言或数字来表达管道规格型号，如"2 寸""3/4 英寸"等。

（2）简写表示法

简写表示法是指对管道规格要素进行缩写，用简写字母表示。如"$\phi 89\text{mm}\times 4\text{mm}$"表示管道的外径为 89mm，壁厚为 4mm。

（3）组合表示法

组合表示法是指将各个管道规格要素采用一定的次序和方式组合而成，形成一种具有明确意义的表示方法。如 DN50SCH40 的"DN50"表示管道内径为 50mm,而"SCH40"表示管道承压等级为 40。

管道规格型号的表示方法多种多样,在实际应用中需要根据实际情况进行选择。

2.管线设施产品规格

1)电气管线

电气管线一般采用穿线管进行保护,可选用金属导管、可弯曲金属导管、燃烧性能 B1 级且中等机械应力的刚性塑料导管。楼板内预埋穿线管一般在钢筋间穿过,如图 5-14 所示。墙板内预埋穿线管一般在预制墙板上预留槽或预制预埋,预留槽埋设步骤如图 5-15 所示。

图 5-14 电气预埋管线

(a)

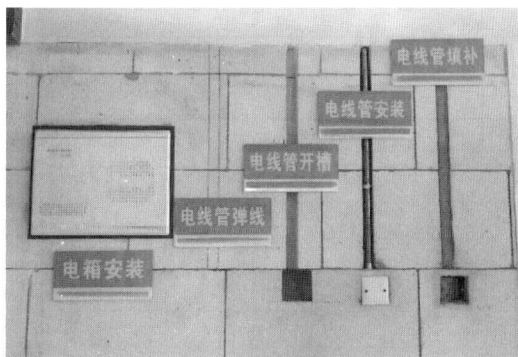

(b)

图 5-15 墙板内预埋弱电管线

(a)弱电管线预埋开槽示意;(b)弱电管线预埋步骤示意

2)给排水管线

给排水管一般采用金属管和塑料管,其规格尺寸有 $\phi50$、$\phi75$、$\phi110$、$\phi160$ 等。管径规格选用对比如表 5-1～表 5-3 所示。

表 5-1　管道外径 NPS 与内径 DN 关系

管道外径（NPS）/in	管道内径（DN）/mm	管道外径（NPS）/in	管道内径（DN）/mm	管道外径（NPS）/in	管道内径（DN）/mm	管道外径（NPS）/in	管道内径（DN）/mm
0.25	6	2.0	50	10.0	250	24.0	600
0.5	15	2.5	65	12.0	300	36.0	900
0.75	20	3.0	80	14.0	350	42.0	1000
1.0	25	4.0	100	16.0	400	48.0	1200
1.25	32	6.0	150	18.0	450		
1.5	40	8.0	200	20.0	500		

表 5-2　水管规格及有关数据

公称直径(DN)/mm	外径/mm	近似内径/mm	壁厚/加厚/mm	无缝钢管直径/mm
15	21.25	15	2.75/3.25	22
20	26.75	20	2.75/3.5	25
25	33.5	25	3.25/4	32
32	42.25	32	3.25/4	38
40	48	40	3.5/4.25	45
50	60	50	3.5/4.5	57
70	75.5	70	3.75/44.5	76
80	88.5	80	4/4.75	89
100	114	106	4/5.0	108
125	140	131	5/5.5	133
150	165	156	5/5.5	159
200	219	207	6	219
250	273	259	7	273
300	325	309	8	435

表 5-3　国际管道尺寸对照表

公称直径	国标/mm	公制/mm	英制/(″)	铜管/mm	PVC管/mm	PE管/mm	软管/mm
15A	21.7	—	1/2	—	20	21.5～22.0	22
20A	27.2/28.5	—	3/4	—	26	27.0～27.6	26
25A	34.0	30	1	30	32	34.0～34.7	34
32A	42.7	38	1～1/4	35	38	42.0～42.8	48
40A	48.6	44.5	1～1/2	45	48	48.0～48.9	60
50A	60.6	57.0	2	55	60	60.0～61.1	76
65A	76.3	76.1	2～1/2	70	76	76.0～77.3	89
80A	89.1	88.9	3	85	89	89.0～90.5	98
100A	114.3	108.0	4	110	114	114.0～115.9	118
125A	139.8	133.0	5	140	140	140.0～142.3	144
150A	165.2	159.0	6	160	165	165.0～167.6	170
200A	216.3	219.0	8	—	216	216.0～218.8	222
250A	267.4	267.0	10	—	267	267.0～270.1	274
300A	318.5	323.9	12	—	318	318.0～321.3	326

5.2.2　管道设施产品的成品保护

1. 搬运要求

1）专业吊运操作

吊运管线设施必须由经过专业培训的人员吊运,吊运前仔细检查吊具的完整性与可靠性,如吊钩、吊索的磨损情况,确保吊运安全,对于长度较长、质量较大的管线,须采用多点吊运方式,避免单点受力导致管线变形或断裂。

2）轻拿轻放

在装卸过程中,严禁野蛮作业,要轻拿轻放管线设施,对于易碎的管线,如玻璃纤维增强塑料管线,应使用软质吊带或在吊钩处垫上橡胶等缓冲材料,防止碰撞损伤。在搬运过程中,不得将管线在地面上拖拉,避免刮伤管线表面涂层或造成管壁磨损。

3）合理搭配搬运工具

根据管线的材质、尺寸和质量,选择合适的搬运工具。小型金属管线可使用手推车搬运;对于较大较重的管线,如钢管,须使用叉车、吊车等机械设备。在使用机械设备搬运时,要确保设备的承载能力满足管线要求,且操作过程平稳。

2. 存放要求

1）分类存放

按照管线的材质、规格、用途等进行分类存放。例如,将金属管线与塑料管线分开。不同材质的管线存放在不同区域,对于规格不同的管线,应按照从小到大的顺序存放,便于查找和取用。

2）存放场地条件

存放场地应平整、坚实,具有良好的排水系统,避免积水浸泡管线。场地应设置在远离污染源、火源和震动源的地方。对于一些对环境温度、湿度有要求的管线,如橡胶软管,应存放在室内仓库。

3）存放方式

管线应采用架空或垫高存放,避免直接接触地面,架空高度一般不低于0.3m,可使用木方、钢管等搭建支架,对于较长的管线,应采用多点支撑,防止管线因自重产生变形。

5.2.3　管线设施图纸位置信息识读方法

管线设施施工图包含了工程设备和管线的材料和安装信息,是一个包括水、电、暖、智能楼宇等多系统的一体化工程,施工图纸主要包括:设计说明、符号图例、设备材料表、系统图、平面图、安装图、节点详图、大样图等,管线设施的布设位置和相关信息一般在施工图纸中会标注清楚,可能不在一张图纸中,需要多张图对照识读。

1. 识读基本流程

以电气施工图识图顺序和方法为例说明管线设施识读基本流程,如图 5-16 所示。

标题栏 ⇨ 图纸目录 ⇨ 设计说明 ⇨ 设备材料表 ⇨ 图例符号
⇩
标准图集 ⇦ 安装接线图 ⇦ 控制原理图 ⇦ 平面布置图 ⇦ 系统图

图 5-16　识读基本流程

2. 管线设施位置和信息识读

通过对管线设施施工图进行对照识读,可以了解管线设施的布设位置和相关信息。

(1)标题栏

每张图纸都有标题栏,它包含了图纸名称、项目名称、绘图比例、设计单位、图纸编号等重要信息。例如,"××小区装配式住宅电气管线布置图"的图纸中,通过标题栏能明确该图纸所属项目以及其主要内容为电气管线,不同比例的图纸图框尺寸有所差异,施工员需留意图纸比例,以便准确换算实际尺寸与图纸尺寸的关系,如图 5-17 所示。

建设单位	××××集团有限公司		总体单位	××××设计院集团有限公司	
设计单位	××××设计院集团有限公司		工程名称	××小区装配式住宅设计	
总体审定	设计		××小区装配式住宅电气管线布置图	图别	施工图设计
	校核			比例	1:100
	专业负责人			日期	
系统审定	项目负责人			图号	
	审核				
	审定				

图 5-17　图纸标题框

(2)图纸目录

通过图纸目录可以了解单位工程图纸的数量及各种图纸的编号,便于快速查找相关信息。

(3)设计说明

设计说明包含了大量的信息,包括工程概况、设计依据、供电方式、技术要求和安装质量要求等。

(4)设备材料表

设备材料表汇总了工程中所使用的设备型号、材料型号、规格和安装方式,如图 5-18 所示。

(5)图例符号

图例和符号是理解图纸内容的基础元素,包括管线、设备、阀门、接口等的表示方法和标记形式,通常在图纸说明或分项图纸中,有助于更好地理解图纸内容。管线符号与标记如表 5-4 所示。

主要电气设备材料表

序号	图例	名　称	型号、规格	安装方式
1		LED双管日光灯	2×22W	梁下吊装
2	⊗	LED节能吸顶灯	1×22W	吸顶安装
3	◉	LED防水防尘灯	1×18W	吸顶安装
4	⊘	LED节能人体感应灯	1×18W	吸顶安装
5		电梯井道壁灯(带防护罩)	1×22W	详见机房层照明平面图注
6		单联/双联/三联单控翘板开关	10A(起居室、通道处)	距地1.3m暗装
7		单联双控翘板开关	10A	距地1.3m暗装
8		单相二极加三极安全型插座	10A	距地0.3m暗装
9		单相二极加三极带开关防溅电插座	10A	距地0.5m暗装
10		照明配电箱	见系统图	见系统图
11		电梯控制箱	厂家负责	厂家负责
12		总等电位联结箱	见大样图	距地0.4m暗装
13		局部等电位联结箱	见大样图	距地0.4m暗装
14		电视插座	86系列	距地0.3m暗装
15		网络插座	86系列	距地0.3m暗装
16		信息配线箱ADD	HIB-21	距地0.5m暗装

注：室内安装在1.8m及以下的插座均采用安全型插座。
　　灯具安装高度>2.5m。

图 5-18　设备材料表样例图

表 5-4　管线符号与标记

图形符号	说　　明	图形符号	说　　明
	管道： 用于一张图内只有一种管道		四通连接
— J — — P —	管道： 用汉语拼音字头表示管道类别		流向
	导管： 用图例表示管道类别		坡向
	交叉管： 指管道交叉不连接,在下方和后面的管道应断开		套管伸缩器
	三通连接		波形伸缩器
	弧形伸缩器		管道滑动支架
	方形伸缩器		保温管,也适用于防结露管
	防水套管		多孔管
	软管		拆除管
	可挠曲橡胶接头		地沟管
	管道固定支架		防护套管
XL　　XL	管道立管		检查口
	排水明沟		清扫口
	排水暗沟		通气帽

（6）系统图

系统图是表现电气工程的供电方式、电力输送、分配、控制和设备运行情况的图纸。从系统图中可以看出主要电气设备、元件之间的连接关系以及它们的规格、型号、参数等,如图 5-19 所示。

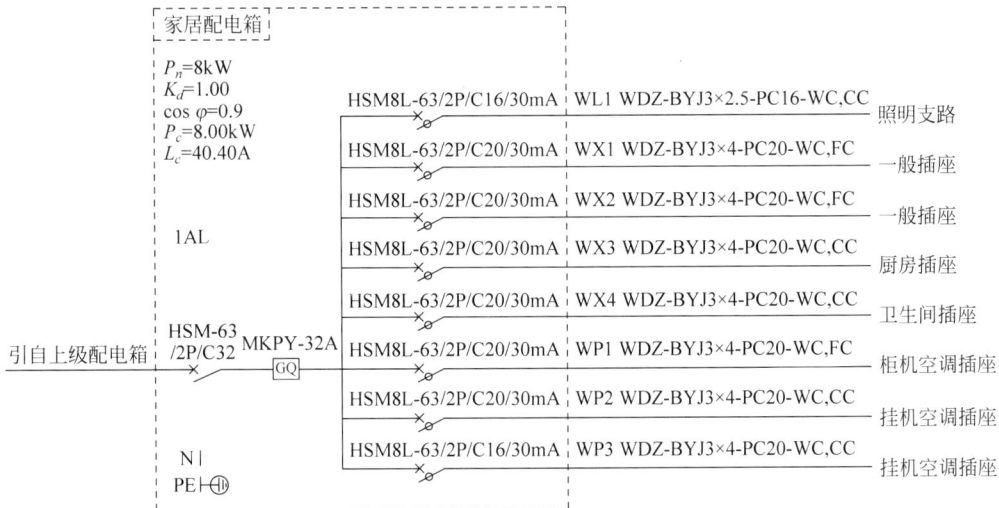

图 5-19　家居配电箱系统图

（7）平面布置图

平面布置图包括轴线、尺寸、比例,以及各种变配电设备、用电设备的编号、名称和它们在平面上的位置,各种变配电设备起点、终点、敷设方式及其在建筑物中的走向,如图 5-20 所示。

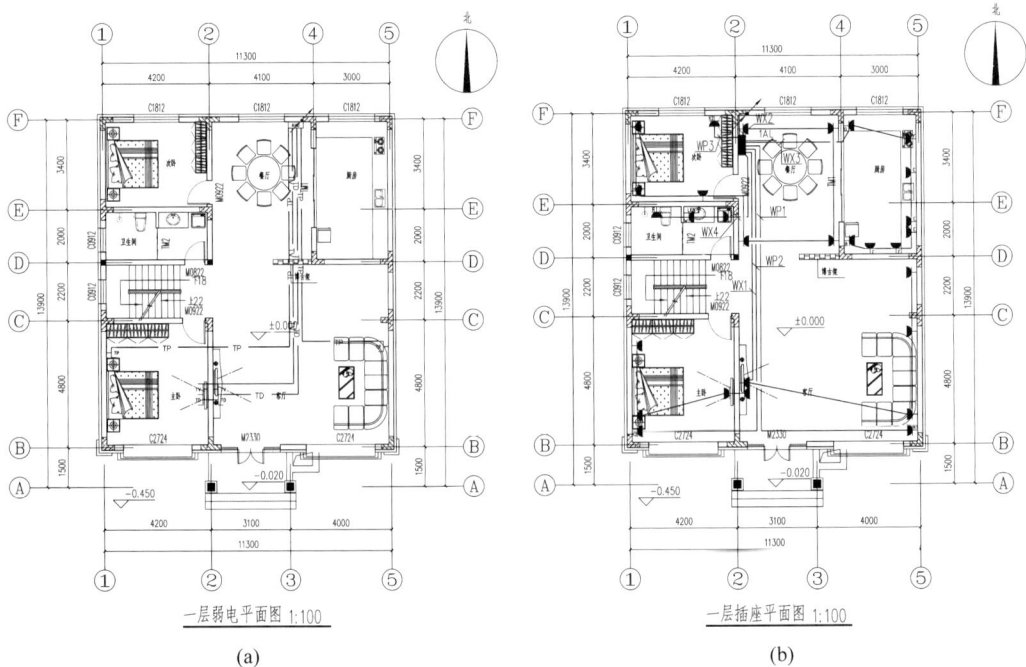

(a)

(b)

图 5-20　平面布置图

（a）弱电平面布置图；（b）插座平面布置图

平面图的阅读可按照以下顺序进行：电源进线→总配电箱→干线→支线→分配电箱→电气设备。

（8）控制原理图

电气控制原理是指导设备安装调试工作的基础，涉及电气系统中的各种控制方法和控制策略，了解电气控制原理有助于理解图纸的设计理念和布置方式，它包括开关控制、模拟控制、数字控制等多种形式。

（9）安装接线图

安装接线图是电气设备、设施实施安装和接线环节的图纸，如图 5-21 所示。

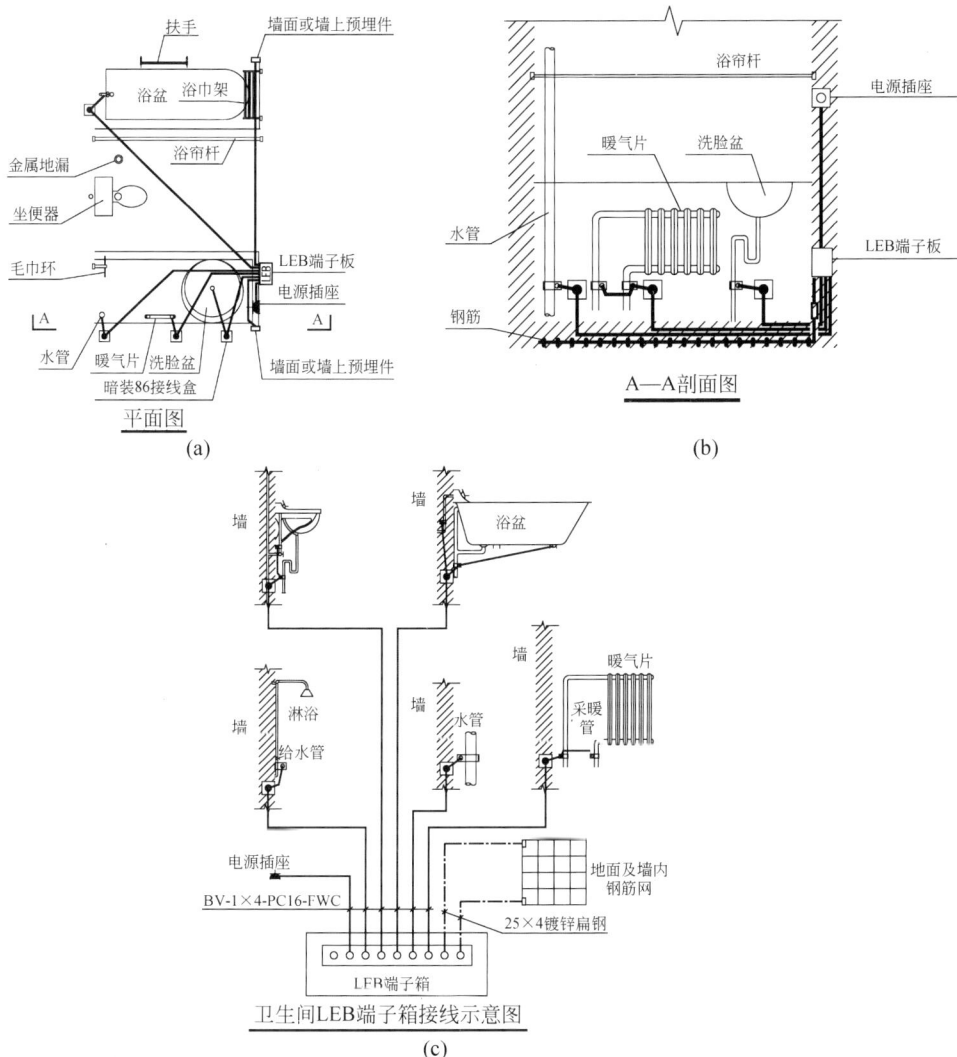

图 5-21　安装接线图

（a）卫生间接线平面示意图；（b）卫生间接线 A—A 剖面示意图；（c）卫生间 LEB 端子箱接线示意图

（10）标准图集

标准图集中是符合设计规范和施工要求的通用做法，详细表达了设备、装置、器材的安装方式方法，如图 5-22 所示。

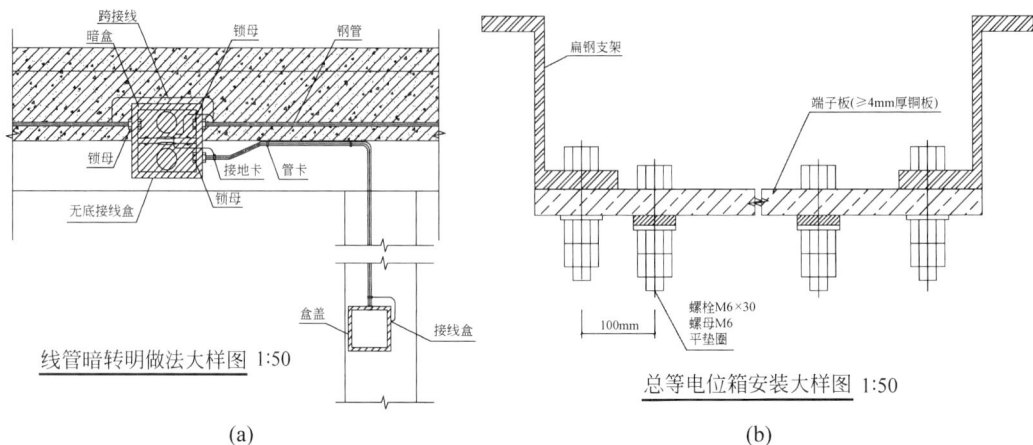

图 5-22 通用图集示意

(a) 线管暗转明做法大样图；(b) 总等电位箱安装大样图

3. 识读要点

（1）基本方法

先整体后局部，先管线后节点，先平面图后立面图，先系统图后设备图。

（2）避让原则

管线交叉时，严格遵循"有压管让无压管、小管让大管、支管让主管、弱电让强电"的原则。

（3）多图结合

一张图中的信息内容是有限的，一般需要将系统图、平面图、立面图和大样图等对照着看，方能准确理解设计内容，如图 5-23 所示。

5.2.4 预留预埋基面检查内容

在装配式建筑中，预留预埋基面的检查是确保施工质量和安装精度的关键环节。以下是全面、仔细且分类分项的预留预埋基面检查内容。

1. 尺寸与位置检查

1）预留孔洞尺寸

检查预留孔洞的直径、宽度、高度等尺寸是否符合设计要求，确保后续管线或设备能够顺利穿过。

2）预埋件位置

核实预埋件的安装位置，包括水平位置和垂直位置，确保与施工图纸一致，无偏移或错位现象。

3）间距与对齐

检查多个预留孔洞或预埋件之间的间距是否均匀，以及是否对齐，保证整体布局的协调性和美观性，如图 5-24 所示。

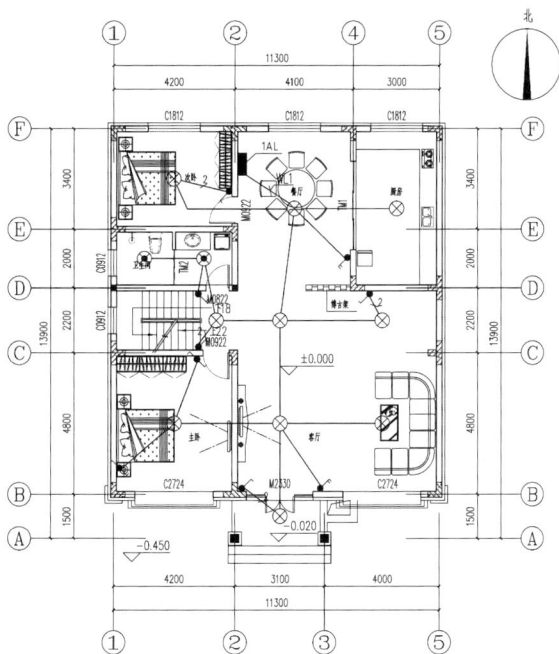

(a)

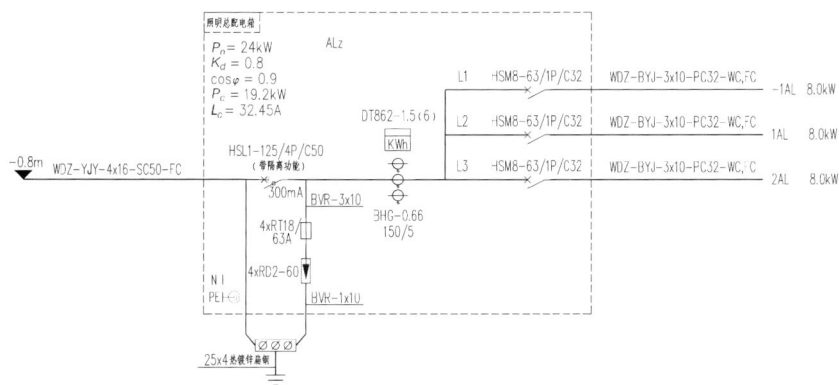

(b)

图 5-23　平面图、系统图对照

（a）照明平面图；（b）照明系统图

4）检查方法

（1）测量工具使用。①使用卷尺、激光测距仪等工具测量预留孔洞的直径、宽度、高度等尺寸,确保与设计图纸一致。②使用经纬仪或全站仪来精确定位预埋件的位置,确保其在水平和垂直方向上的准确性。

（2）比对施工图纸。将实际测量的尺寸和位置与施工图纸进行比对,检查是否存在偏差或错误。

（3）检查是否有按图纸上的尺寸预留施工,布管是否整齐统一,铺管是否紧固等；检查

图 5-24　检查预留尺寸与位置

搭接位置不能有焊接余留下的熔渣以及焊接不饱满的缺点,最后检查开关盒、接线盒的外观是否有破损。

2. 基面质量与平整度检查

1) 基面清洁度

确保预留预埋基面无油污、灰尘、杂物等,保持基面的清洁和干燥。

2) 平整度检查

使用水平尺或激光测距仪等工具,检查基面的平整度,确保无凹凸不平或波浪状现象,如图 5-25 所示。

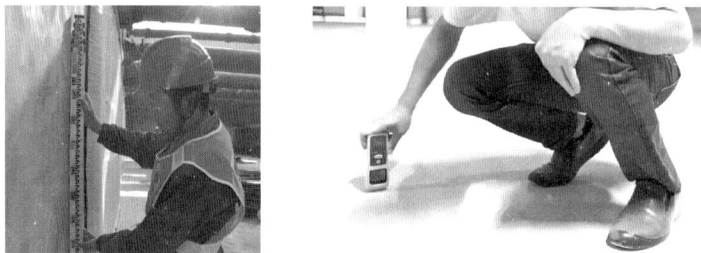

图 5-25　基面平整度检查

3) 基面完整性

检查基面是否有裂缝、破损或起砂等问题,确保基面的完整性和稳定性。

3. 预埋件固定与连接检查

1) 固定方式

核实预埋件的固定方式是否符合设计要求,如焊接、螺栓连接等,确保固定牢固可靠,如图 5-26 所示。

2) 连接紧密度

检查预埋件与基面的连接是否紧密,有无松动或晃动现象,保证连接的稳定性和安全性。

3）防锈处理

对于金属预埋件,检查其防锈处理是否到位,如涂刷防锈漆等,以延长预埋件的使用寿命,如图 5-27 所示。

图 5-26　预埋件固定方式检查

图 5-27　预埋件防锈处理

4）检查方法

（1）敲击法。使用小锤轻轻敲击预埋件,听其声音是否清脆,以判断其固定是否牢固。

（2）手动摇动。尝试手动摇动预埋件,检查其是否有松动或晃动现象。

（3）检查焊接或螺栓连接。①对于焊接固定的预埋件,检查焊缝是否均匀、连续,无夹渣、气孔等缺陷。②对于螺栓连接的预埋件,检查螺栓是否紧固,有无松动现象,并使用扭矩扳手检查螺栓的拧紧力矩是否符合要求。

4. 标识与记录检查

1）标识清晰度

检查预留预埋基面上的标识是否清晰、准确,与施工图纸中的信息一致,包括尺寸、位置、编号等信息,便于后续施工和安装。

2）记录完整性

核实预留预埋基面的检查记录是否完整、准确,包括检查时间、检查人员、检查结果等信息,确保可追溯性和可管理性。

5. 隐蔽工程验收——电管预留预埋检查内容

（1）各回路位置符合设计要求。

（2）导管均采用镀锌钢管,管道超过下列长度时应加装接线盒:无弯时,30m;有第一个弯时,20m;有第二个弯时,15m;有第三个弯时,8m。

（3）导管无压扁、无裂纹,无三层管交叉重叠,无导管与受力钢筋平行紧贴敷设现象。

（4）导管敷设于楼板底层钢筋之上,上层钢筋之下,采用镀锌铁丝绑扎固定,固定点的间距不大于 1m。

（5）接线盒采用钢制接线盒,位置、标高符合设计要求,盒内填充锯末用胶带封口;导管入盒,箱长度 3～6mm,管口均平整。

6．其他检查内容

1）基面材料检查

检查预留预埋基面使用的材料是否符合设计要求,如混凝土强度、钢筋规格等。

2）环境条件检查

检查施工现场的环境条件是否满足施工要求,如温度、湿度等,避免环境因素对基面质量造成影响。

3）安全防护检查

核实预留预埋基面周围的安全防护措施是否到位,如设置警示标志、安装围挡等,确保施工安全。

4）检查方法

（1）材料检测。①对于混凝土基面,可以进行抗压强度试验,确保强度符合设计要求。②对于钢筋等金属材料,可以进行拉伸试验或化学成分分析,以验证其质量。

（2）环境条件记录。使用温湿度计等工具记录施工现场的环境条件,确保满足施工要求。

（3）安全设施检查。现场检查围挡、警示标识等安全设施是否设置到位,确保施工安全。

通过以上全面、仔细的分类分项检查,可以确保装配式建筑中预留预埋基面的质量和精度符合设计要求,为后续施工和安装奠定坚实的基础。

5.3 集成厨卫安装

《标准》对应内容			本书对应内容
职业功能	工作内容	技能要求	书内目录
3．部品安装	3.3 集成厨卫安装	3.3.1 能识别集成厨卫部品型号 3.3.2 能对进场集成厨卫部品进行成品保护 3.3.3 能检查集成厨卫部品安装位置	5.3.1 集成厨卫部品编号方法 5.3.2 集成厨卫部品保护要求 5.3.3 集成厨卫图纸安装位置、方向等信息识读方法

5.3.1 集成厨卫部品编号方法

1．集成厨房部品编号

集成厨房把橱柜、台面等基础部件标准化组合,依据空间巧妙布局,打造规整实用的烹饪基础架构,水槽、水龙头、拉篮等配件融入其中,材质耐用、设计贴心,全方位提升厨房操作便捷性与舒适度,如图 5-28 所示。

1）集成灶产品型号表示(图 5-29)

JZDY-UX8-2-90SSTA

JZ 表示家用燃气灶(集成);

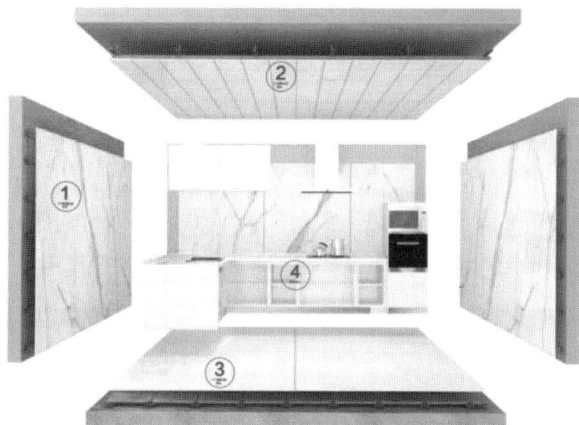

图 5-28 集成厨房示意图

1—墙面架空模块；2—双层吊顶模块；3—地面架空模块；4—橱柜模块。

D 表示带电加热灶具；

Y 表示燃气类别，Y 液化石油气，T 天然气，R 人工煤气；

UX8 表示产品系列代号；

2—灶眼类型代号，表示一个燃气灶眼搭配一个电陶炉，3—灶眼类型为两个燃气灶，4—灶眼类型为一个燃气灶搭配一个电磁炉，5—灶眼类型是一个电陶炉和一个电磁炉，8—灶眼类型是两上进风，包含一个电陶炉和一个电磁炉；

90 为长度尺寸类别代号，100 代表 100cm（默认不标注），90 代表 90cm，76 代表 76cm；

SS 为集风腔头部外观代号，分为 SS、SB、BS、BB、Q、F35（S 代表不锈钢、B 代表玻璃）；

图 5-29 集成灶

T 表示无缝灶面板；

A 为保洁、储藏抽屉布置代号：两抽为默认（不标注），A 为 2 个大保洁抽屉和 2 个小储藏抽屉，B 表示集成灶有 4 个抽屉，其保洁和储藏功能平均分配；

示例：JZDY-UX8-2-SSA；JZY-UX8-3-90BB；JZY-UX8-3-76SS。

2）驻立式烤箱灶（外贸）产品型号表示（图 5-30）

FU50ME8BB

F 表示独立式烤箱灶（freestanding cooker）；

U 表示产品系列号；

5 表示燃气灶眼数；

0 表示电灶眼数；

M 表示三环火燃烧器位置，M 表示在中间（middle），L 表示在左边（left），R 表示在右边（light）；

E 表示电烤箱（electric oven），G 表示燃气烤箱（gas oven）；

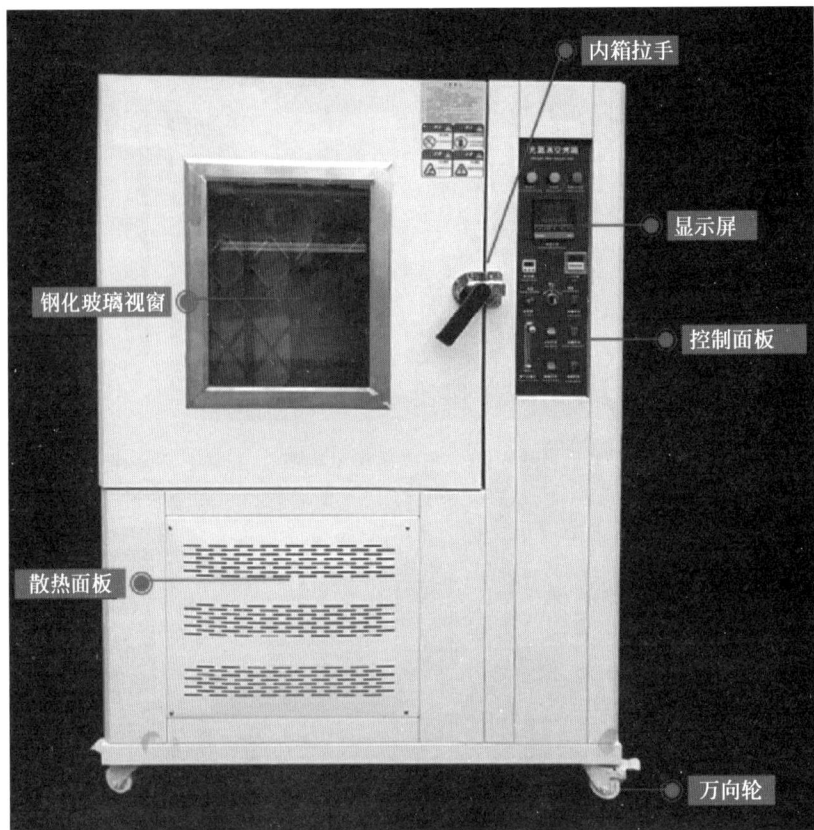

图 5-30　驻立式烤箱灶

8 表示功能挡位：有 8、6、5、4,或表示燃气燃烧器个数：1、2；

B 表示集风腔顶部外观代号：S 代表不锈钢,B 代表玻璃；

B 表示导烟板外观代号：S 代表不锈钢,B 代表玻璃。

3）组合式集成灶产品型号表示(图 5-31)

(1)组合式集成灶灶具部分

JZDY-US-3-90B

JZ 表示家用燃气灶(集成灶)；

D 表示带电加热灶具；

Y 表示燃气类别：Y 液化石油气,T 天然气,R 人工煤气；

US 表示产品系列代号；

3 表示灶眼类型代号,2—灶眼类型为一个燃气灶眼搭配一个电陶炉,3—灶眼类型为两个燃气灶眼,4—灶眼类型为一个燃气灶眼搭配一个电磁炉,5—灶眼类型为一个电陶炉搭配一个电磁炉；

90 为长度尺寸类别代号：90 代表 90cm,76 代表 76cm；

B 为灶面材质代号：S 表示不锈钢(默认),B 表示玻璃。

(2)组合式集成灶机身(吸油烟机)部分

US-3-90BYS

US 为产品系列代号；

3 表示灶眼类型代号,2—灶眼类型为一个燃气灶眼搭配一个电陶炉,3—灶眼类型为两个燃气灶眼,5—灶眼类型为一个电陶炉搭配一个电磁炉；

90 为长度尺寸类别代号：90 代表 90cm,76 代表 76cm；

B 为灶面材质代号：S 代表不锈钢面,B 代表玻璃面；

Y 表示进风腔头部型号；

S 为导烟板材质代号：S 代表不锈钢,B 代表玻璃。

4）集成水槽产品型号表示方法（图 5-32）

图 5-31　组合式集成灶

图 5-32　集成水槽

JS-90AS

JS 表示集成水槽；

90 为长度尺寸类别代号,100 代表 100cm（默认不标注）,90 代表 90cm；

A 为设计代号：A 款；

S 为门材质代号：S 表示不锈钢门,M 表示木质门。

注：1. 木质门颜色和花纹表示不在型号中体现,在纸箱包装货号中标注。

2. 选配件代号在货号中注明。C 为食物垃圾处理器代号；J1 为净水器代号,J1 为简式反渗透净水器,J2 为箱式反渗透净水器；R 为即热式电小厨宝代号。

2. 集成卫生间部品编号

集成卫生间将各类部品模块化整合,顶板、墙板、防水底盘等围护结构搭配紧密,形成基础防水空间,涵盖卫浴洁具、电气设备与五金配件,借助 PPR、PVC 给排水管及标准电线电缆,打造稳定给排水及电气系统,实现高效、便捷的一体化卫浴体验,如图 5-33 所示。

1）防水底盘产品型号表示方法

集成卫生间的底部防水结构,通常采用 SMC、FRP 等材料制成,具有防水、防滑、排水等功能,如图 5-34 所示。

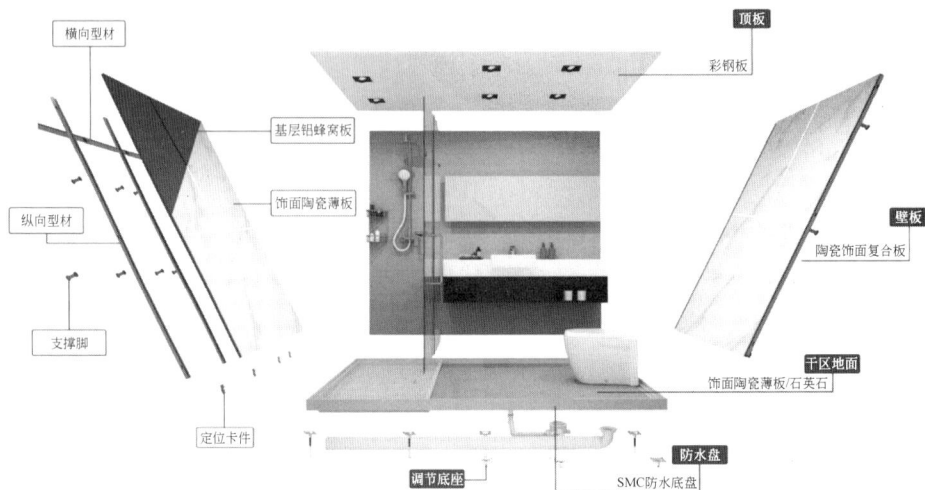

图 5-33　集成卫生间示意图

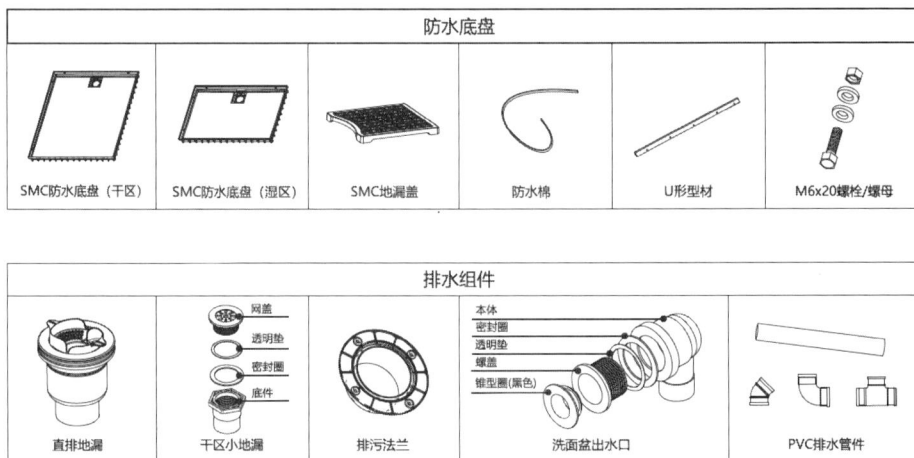

(a)

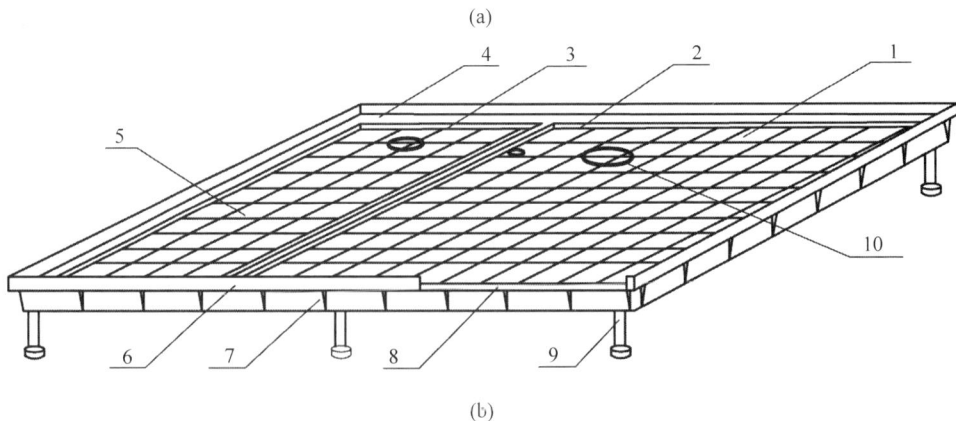

(b)

图 5-34　防水底盘

（a）防水底盘组成示意；（b）防水底盘结构示意图

1—洗漱区；2—内侧面；3—地漏；4—安装面；5—淋浴区；6—外侧面；7—加强筋；8—开门部位；
9—地脚支撑(可不带)；10—坐便器。

JZ-FS-01

JZ 表示集成卫生间。

FS 是防水的缩写,表明该部品部件的主要功能是防水。

01 表示该类别在集成卫生间部品部件中的顺序编号,从"01"开始依次编排,方便对不同类型的部品部件进行系统管理和识别。

2）壁板产品型号表示方法

壁板是用于卫生间四周的墙板,有多种材质,如彩钢板、PVC 板、瓷砖板等,具有防水、防潮、隔声、美观等特点,如图 5-35 所示。

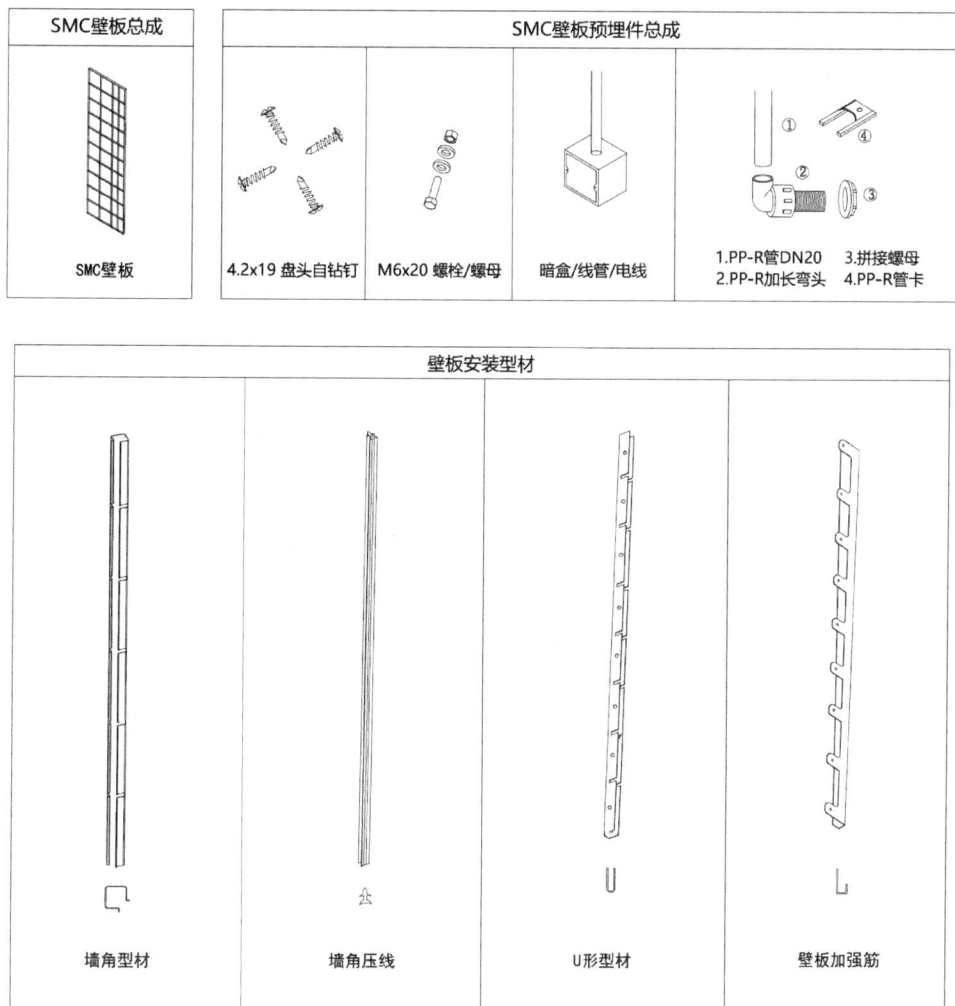

SMC壁板总成	SMC壁板预埋件总成			
SMC壁板	4.2x19 盘头自钻钉	M6x20 螺栓/螺母	暗盒/线管/电线	1.PP-R管DN20　3.拼接螺母 2.PP-R加长弯头　4.PP-R管卡

壁板安装型材			
墙角型材	墙角压线	U形型材	壁板加强筋

图 5-35　壁板组成示意

JZ-BB-02

JZ 表示集成卫生间。

BB 表示壁板的缩写,明确了这是用于卫生间墙壁的板材。

02 表示该类别在集成卫生间部品部件中的顺序编号,说明它是集成卫生间部品部件中的第二类。

3）顶板产品型号表示方法

顶板指卫生间顶部的覆盖板材,材质与壁板类似,可集成照明、通风等功能,如图5-36所示。

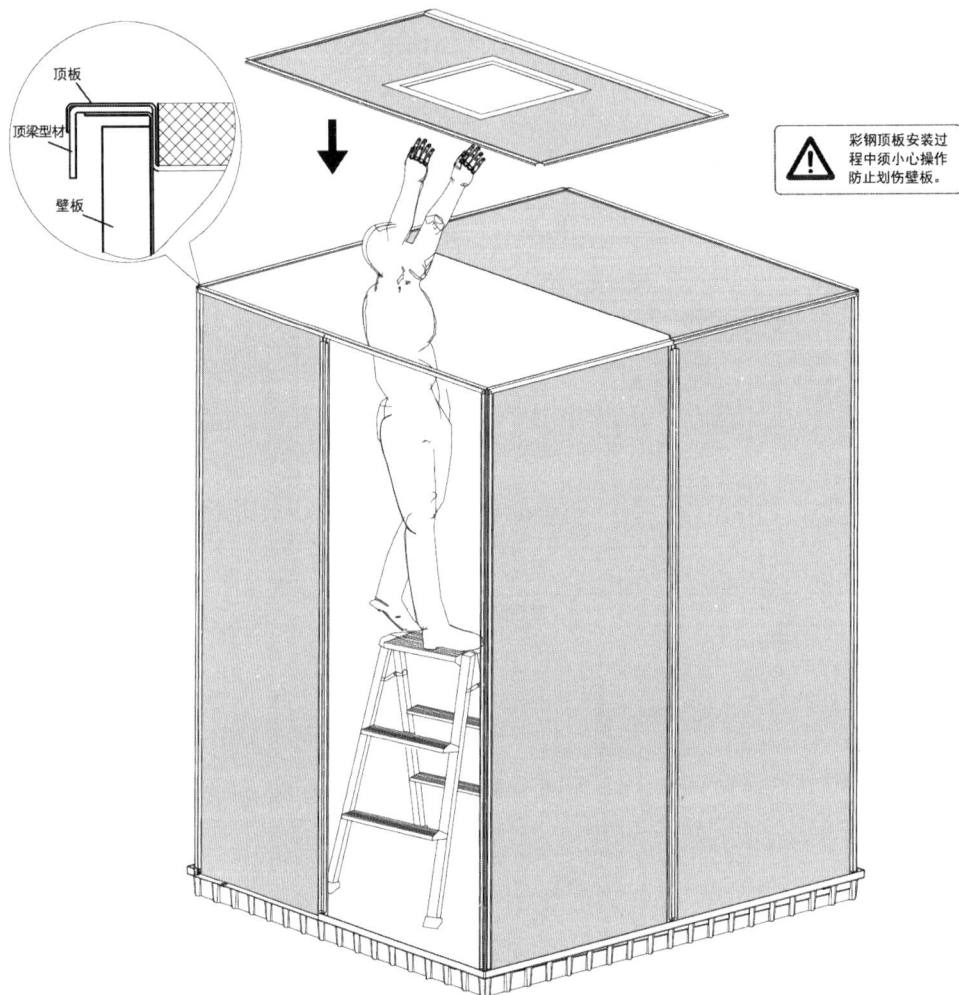

图 5-36 顶板示意

JZ-DB-03

JZ 表示集成卫生间。

DB 表示顶板的缩写,是指该部品部件是卫生间的顶部覆盖物。

03 是该类别在集成卫生间部品部件中的顺序编号,表明其在所有部品部件中的分类顺序。

4）洁具产品型号表示方法

洁具包括马桶、洗手盆、淋浴喷头、浴缸等卫生器具,根据不同的类型和规格又可细分代码,如 JZ-JJ-04-MT 表示马桶,"MT"是马桶的缩写;IZ-JJ-04-XP 表示洗手盆等,"XP"是洗手盆的缩写。这种细分代码可以更精确地识别不同类型的洁具。如图5-37所示。

JZ-JJ-04

JZ 表示集成卫生间。

JJ 表示洁具的缩写,涵盖了卫生间中各种卫生器具。

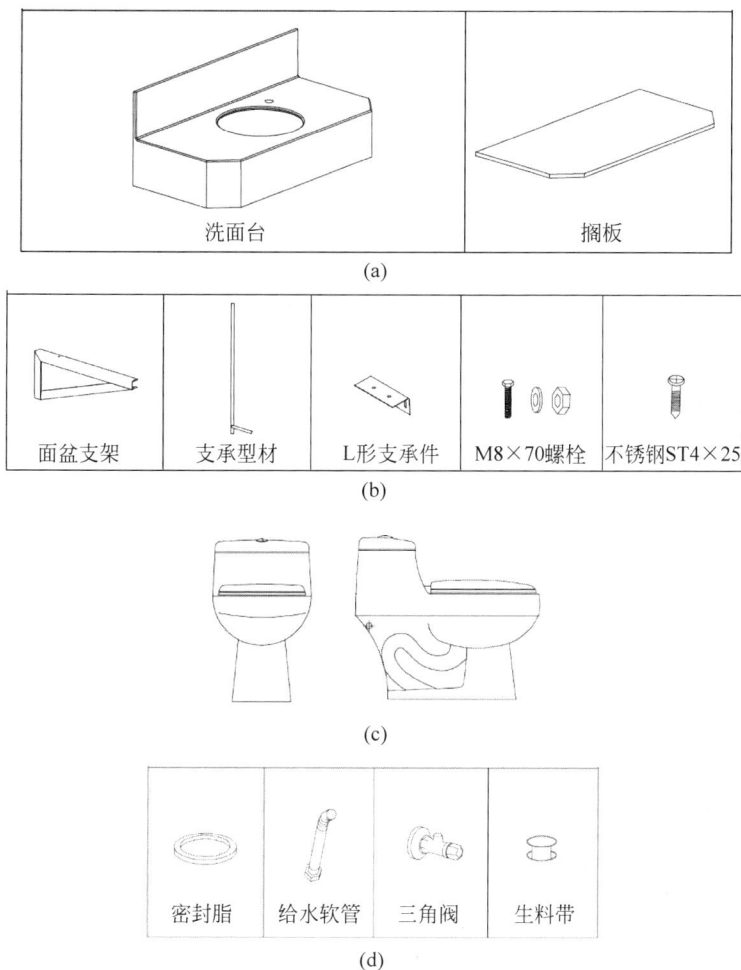

(a)

(b)

(c)

(d)

图 5-37　洁具

（a）洗面台总成；（b）洗面台支撑组件总成；（c）马桶总成；（d）马桶安装辅料总成

04 是该类别在集成卫生间部品部件中的顺序编号，表明其在所有部品部件中的分类顺序。

5）五金配件产品型号表示方法

五金配件包含水龙头、花洒支架、毛巾架、置物架等各类金属或塑料配件，为卫生间提供便利和装饰功能，如图 5-38 所示。

JZ-WJ-05

JZ 表示集成卫生间。

WJ 表示五金的缩写，说明该类别是由各类金属或塑料制成的配件。

05 表示五金配件在部品部件中的序号。

6）给排水系统产品型号表示方法

给排水系统包括给水管、排水管、地漏等，负责卫生间的水供应和排放，确保水流顺畅和不漏水，如图 5-39 所示。

JZ-PS-06

JZ 表示集成卫生间。

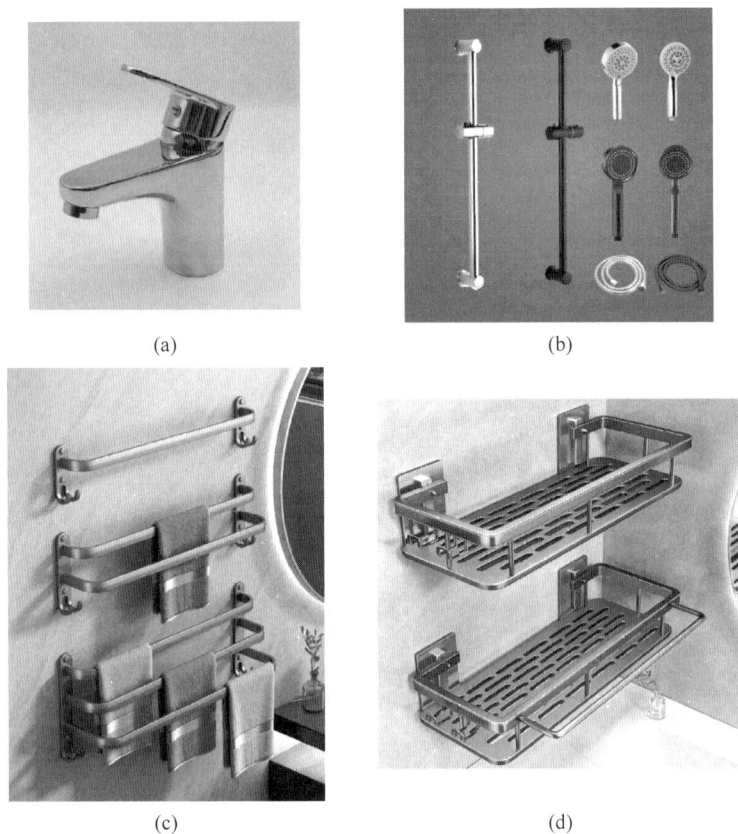

图 5-38 五金配件

（a）水龙头；（b）花洒；（c）毛巾架；（d）置物架

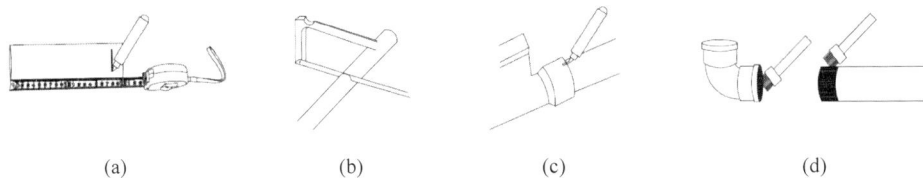

图 5-39 给排水系统示意图

（a）测量管材切割尺寸；（b）切割 PVC 管材；（c）试插并做标记；（d）涂胶配接

PS 表示给排水的缩写，表明此类别与卫生间的水供应和排放相关。

06 表示给排水系统在所有部品部件中的编号。

7）电气系统产品型号表示方法

电气系统涉及照明灯具、插座、开关、浴霸等电器设备及相关线路，提供卫生间的电力供应和照明、取暖等功能，如图 5-40 所示。

JZ-DQ-07

JZ 表示集成卫生间。

DQ 表示电气的缩写，代表该类别包含卫生间的电器设备及相关线路。

07 是电气系统在集成卫生间部品部件中的顺序号。

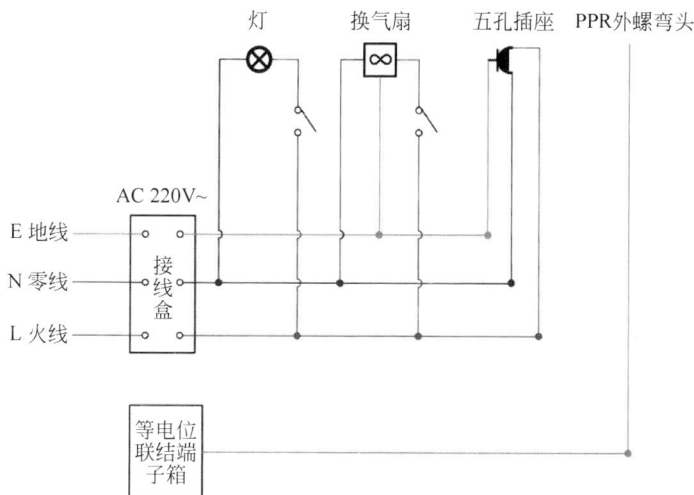

图 5-40 卫浴电路系统示意图

5.3.2 集成厨卫部品保护要求

1. 出厂保护措施

（1）装配式卫浴部品放置台架等均垫木方或胶垫等软质物。

（2）各类部品周转车、工位器具等,凡与部品接触部位均以胶垫防护,不允许部品与钢质构件或其他硬质物品直接接触;部品周转车的下部及侧面均垫软质物。

2. 包装保护措施

（1）包装工人按规定的方法和要求对产品进行包装。

（2）各规格、尺寸、型号的厨卫浴部品不能混装在一起。

（3）包装应严密、牢固,避免在周转运输中散包,部品在包装前应将其表面及腔内垃圾及毛刺刮净,防止划伤,产品在包装及搬运过程中应避免装饰面的磕碰、划伤。

（4）部品包装时要先贴一层保护膜;部品包装后,在外包装上注明工程名称,产品的名称、代号、规格、数量等。

（5）包装人员在包装过程中发现部品变形、装饰面划伤等产品质量问题时,应立即通知检验人员,不合格品严禁包装。

（6）包装完成后,如不能立即装车发送现场,要放在指定地点摆放整齐。

3. 运输保护措施

（1）厨卫浴部品装车时应在车厢下垫减震木条,顺车厢长度方向紧密排放。型材摆放高度超出车厢板时,须捆扎牢固。厨卫浴部品不能与钢件等硬质材料混装,摆放须整齐、紧密不留空隙,防止在行驶中发生窜动损伤产品。

（2）半成品、成品的保护,所有部品在加工前都要贴保护膜,加工后再进行包装,运到现场。现场未安装完毕的厨卫浴部品上保护膜不得撕扯。

（3）运输中应尽量保持车辆行驶平稳,路况不好时注意慢行。

（4）运输途中应经常检查货物情况。

（5）公路运输时要遵守相应规定，如《货车满载加固及超限货物运输规则》(GB 1462—1983)。

4．施工现场成品保护措施

（1）厨卫浴部品用保护胶纸吸附贴紧，直到竣工清洗前撕掉，以保证表面不轻易被划伤或受到水泥等腐蚀。

（2）搬运或水平运输过程中对材料应轻起轻落，避免碰撞和与硬物摩擦；搬运前应仔细检查包装的牢固性。

（3）物料摆放地点应避开道路繁忙地段或上部有物体坠落区域，应注意防雨、防潮，不得与酸、碱、盐类物质或液体接触。

（4）严禁焊接火花的溅落和物体撞击及酸碱盐类溶液对厨卫浴部品的破坏。

（5）严禁任意撕毁材料保护膜，在厨卫浴部品材料饰面上刻画，用厨卫浴部品材料做辅助施工材料。

5.3.3　集成厨卫图纸安装位置、方向等信息识读方法

1．集成厨房部品图纸识读与定位

1）橱柜系统

（1）平面图标识：以虚线框表示橱柜外轮廓，标注尺寸（如地柜深度 550mm、吊柜高度 700mm），箭头指示柜门开启方向（左开/右开/对开）。

（2）立面图标注：吊柜底面标高（+1500mm）、地柜顶面标高（+850mm），与烟道、插座位置与柜顶面匹配，如图 5-41 所示。

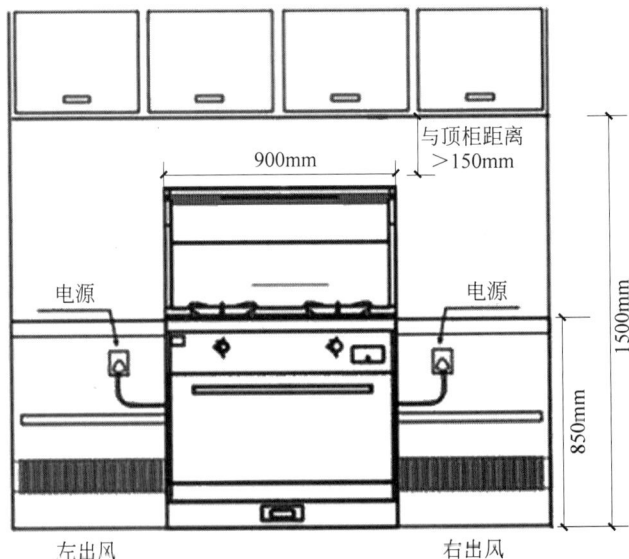

图 5-41　立面图标注示意

（3）节点详图：柜体与墙体的连接方式（如膨胀螺栓间距≤600mm），背板开孔尺寸（预留管道检修口）。

2）台面与设备

（1）台面拼接方向：箭头标注人造石台面接缝方向（避免水槽下方接缝），坡度（1°～2°）向水槽侧倾斜，如图 5-42 所示。

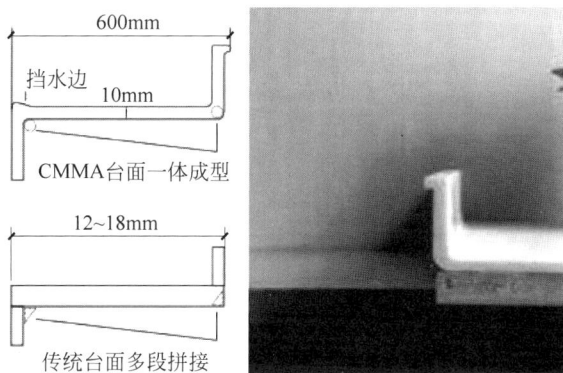

图 5-42 台面拼接示意图

（2）嵌入式设备：燃气灶、洗碗机预留洞口尺寸（标注±2mm 公差），方向与燃气管、排水管接口对齐，如图 5-43 所示。

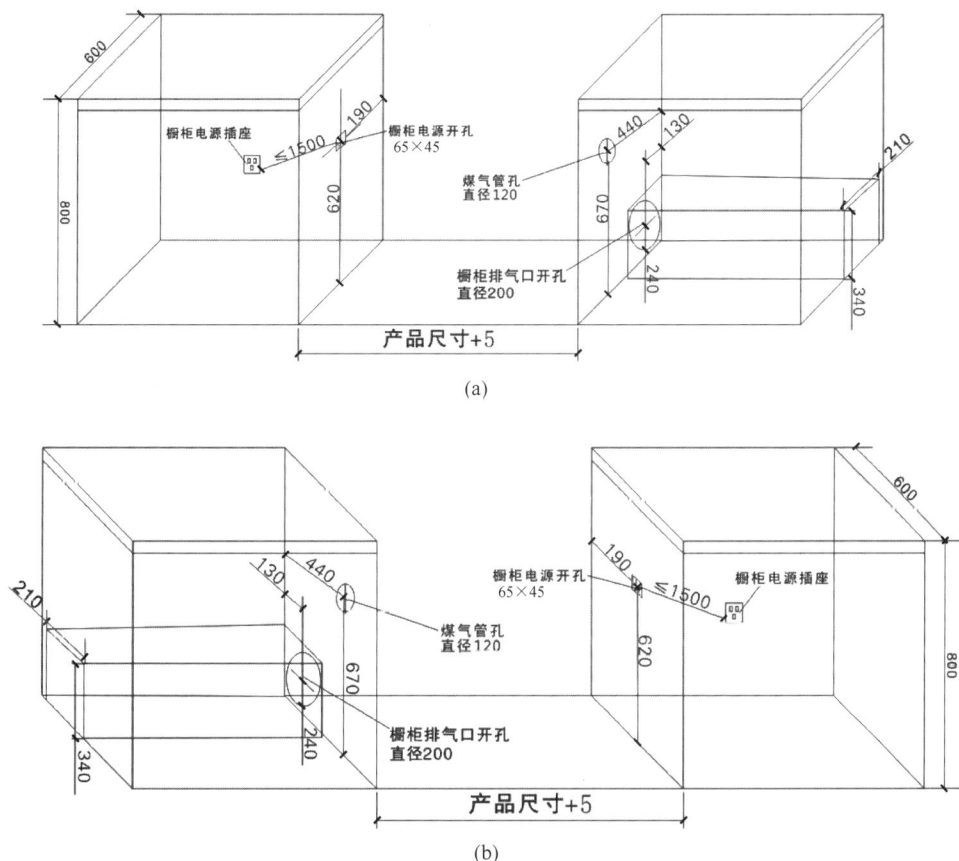

(a)

(b)

图 5-43 嵌入式设备示意图

（a）排气管右边安装施工图；（b）排气管左边安装施工图

3）定位基准与安装验证

（1）基准线放样：以厨房烟道中心线为基准，向两侧延伸橱柜定位线（误差≤3mm）。

（2）设备接口核对：

① 燃气灶与燃气管水平距离≥300mm（防高温）；

② 水槽排水管与下水口中心对齐，软管弯曲半径≥100mm（防堵塞），如图 5-44 所示。

(a)　　　　　　　　　　　　(b)

图 5-44　橱柜安装示意图

（a）安装样图示意；（b）止逆阀安装示意图

2．集成卫生间部品图纸识读与方向控制

1）卫浴洁具

整体浴室的空间尺寸、外形尺寸及安装尺寸关系如图 5-45 所示。

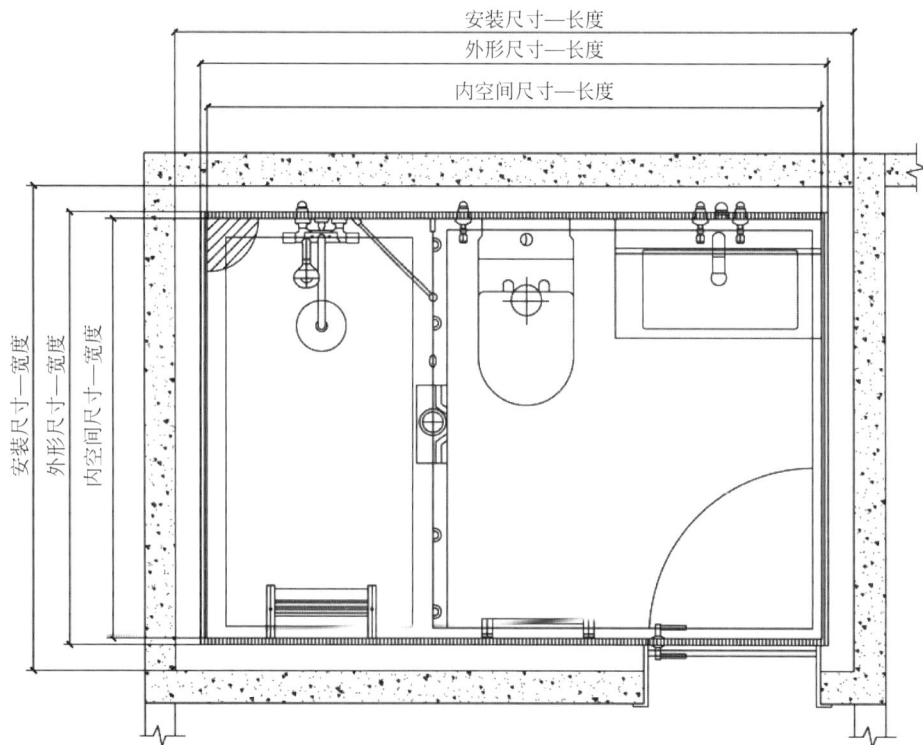

图 5-45　水平方向关系示意图

（1）马桶定位：排污管中心距墙尺寸（305mm/400mm），箭头标注排污口方向（与管道法兰对接）。

（2）淋浴房方向：平面图箭头指示开门方向（内开/外开），底部挡水条坡度（2％）向地漏倾斜。

2）洗手台与镜柜

（1）洗手台标高：台面高度＋800mm（儿童卫生间＋650mm），冷热水管接口中心距150mm（左热右冷）。

（2）镜柜安装：底面标高＋1400mm，与插座（＋1300mm）保持安全距离（≥100mm），如图 5-46 所示。

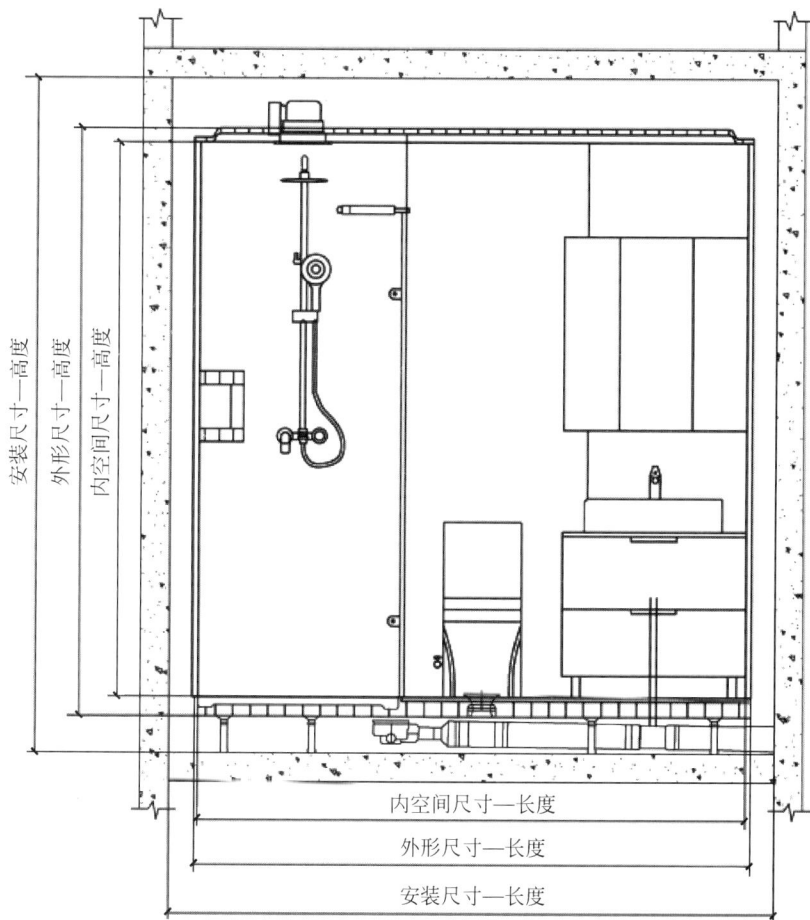

图 5-46   垂直方向关系示意图

5.4   课后思考题

一、选择题

1. 在装配式建筑施工图纸中，为了确保施工人员能够快速识别和管理外挂墙板，外挂墙板的编号方法遵循的原则是（   ）。

　　A. 唯一性原则　　　　B. 复杂性原则　　　　C. 重复性原则　　　　D. 随机性原则

答案：A

2. 管道平面图中,卫生器具和用水设备的平面布置的图示表达是(　　　)。

　　A. 立体图　　　　B. 三维模型　　　　C. 平面图　　　　D. 剖面图

答案：C

3. 平面图中比例尺的1∶200表示图中1cm代表实际(　　　)m。

　　A. 2　　　　B. 20　　　　C. 1　　　　D. 10

答案：A

4. DN是管道规格尺寸的国际通用表示方法,是指管子的内径大小。如DN50,表示管子的内径大小为(　　　)。

　　A. 5mm　　　　B. 50mm　　　　C. 500mm　　　　D. 5000mm

答案：B

5. 部品管线存放时应采用架空或垫高存放,避免直接接触地面,架空高度一般不低于(　　　)。

　　A. 0.2　　　　B. 0.3　　　　C. 0.4　　　　D. 0.5

答案：B

6. 识读室内给排水工程详图时,主要目的是获取(　　　)。

　　A. 施工进度　　　　　　　　　　B. 设计理念

　　C. 管道安装的具体尺寸和细节　　D. 材料成本

答案：C

7. 预留孔洞尺寸检查时,进行测量的工具是(　　　)。

　　A. 温度计　　　　B. 卷尺　　　　C. 水平尺　　　　D. 钢筋探测仪

答案：B

8. 在检查预埋件的安装位置时,确保其在水平和垂直方向上的准确性,应使用的工具是(　　　)。

　　A. 水平尺　　　　　　　　　　B. 经纬仪或全站仪

　　C. 卷尺　　　　　　　　　　　D. 钢筋探测仪

答案：B

9. 预埋件与基面的连接是否紧密,检查时应确保无(　　　)。

　　A. 油污　　　　B. 松动　　　　C. 裂缝　　　　D. 灰尘

答案：B

10. 在预留预埋基面检查中,确保基面无凹凸不平或波浪状现象,应使用的工具是(　　　)。

　　A. 水平尺或激光水平仪　　　　B. 卷尺

　　C. 经纬仪　　　　　　　　　　D. 钢筋探测仪

答案：A

11. 预埋件的固定方式是否符合设计要求,常见的固定方式不包括(　　　)。

　　A. 焊接　　　　B. 螺栓连接　　　　C. 粘贴　　　　D. 锚固

答案：C

12. 预埋件与基面连接的稳定性,检查时应确保无(　　)。
　　A. 油污　　　　　　B. 松动　　　　　　C. 裂缝　　　　　　D. 灰尘

答案:B

13. 在预留预埋基面检查中,确保基面的平整度,应使用的工具是(　　)。
　　A. 水平尺或激光水平仪　　　　　　B. 卷尺
　　C. 经纬仪　　　　　　　　　　　　D. 钢筋探测仪

答案:A

14. 预埋件的防锈处理是否到位,检查时应确保无(　　)。
　　A. 油漆脱落　　　B. 锈蚀　　　　　C. 油污　　　　　　D. 灰尘

答案:B

二、填空题

1. 外挂墙板编号方法须遵循_____原则,确保每个外挂墙板在整个项目中具有唯一标识。

答案:唯一性

2. 管线设施图纸中标题栏包含_____重要信息。

答案:图纸名称、项目名称、比例、设计单位、图纸编号

3. 部品管线设施施工时遵循避让原则:管线交叉时,严格遵循_____原则。

答案:有压管让无压管、小管让大管、支管让主管、弱电让强电

4. 预留孔洞尺寸检查,确保后续管线或设备能够顺利穿过,应使用_____进行测量。

答案:卷尺

5. 预埋件位置检查,确保与施工图纸一致,应使用_____或全站仪精确定位。

答案:经纬仪

6. 预埋件与基面的连接检查,确保无_____现象,保证连接的稳定性和安全性。

答案:松动

7. 在预留预埋基面检查中,使用_____或激光水平仪检查基面的平整度。

答案:水平尺

8. 预埋件的固定方式检查,常见的固定方式包括焊接、_____等,确保固定牢固可靠。

答案:螺栓连接

9. 预埋件的防锈处理检查,确保无_____现象,保证预埋件的长期稳定性。

答案:锈蚀

三、思考题

假设你是一名现场施工员,需要检查一栋正在建设的装配式建筑中的预留预埋基面。请列出至少三项检查内容和对应的检查方法。

答案:

(1) 尺寸与位置检查:使用卷尺、激光测距仪等工具测量预留孔洞的直径、宽度、高度等尺寸,确保与设计图纸一致。使用经纬仪或全站仪来精确定位预埋件的位置,确保其在水

平和垂直方向上的准确性。

（2）基面质量与平整度检查：观察基面是否干净、整洁，无油污、灰尘等杂质。使用水平尺或激光水平仪检查基面的平整度，确保无凹凸不平或波浪状现象。

（3）预埋件固定与连接检查：核实预埋件的固定方式是否符合设计要求，如焊接、螺栓连接等，确保固定牢固可靠。检查预埋件与基面的连接是否紧密，应无松动或晃动现象，保证连接的稳定性和安全性。

第 6 章

技 能 鉴 定

6.1　申报条件

具备以下条件之一者,可申报五级/初级工:

(1) 累计从事本职业或相关职业工作 1 年(含)以上。

(2) 本职业或相关职业学徒期满。

① 相关职业:钢筋工、架子工、混凝土工、手工木工、焊工、砌筑工、装饰装修工、建筑门窗幕墙安装工、机械设备安装工、电气设备安装工、管工、防水工、起重装卸机械操作工、起重工等。

② 相关专业:建筑设备安装、建筑施工、建筑装饰、建筑测量、工程监理、工程造价、建筑工程管理、市政工程施工、土建工程检测、建筑设计、建筑模型设计与制作、焊接加工、给排水施工与运行、智能建造技术、建筑钢结构工程技术等。

6.2　鉴定方式

鉴定方式分为理论知识考试和技能考核。理论知识考试以笔试、机考等方式为主,主要考核从业人员从事本职业应掌握的基本要求和相关知识要求;技能考核主要采用现场操作、模拟操作等方式进行,主要考核从业人员从事本职业应具备的技能水平。理论知识考试和技能考核均实行百分制,二者成绩皆达 60 分(含)以上者为合格。

6.3　考核样例

6.3.1　考核内容和评判原则

1. 考核内容

本次竞赛包括理论知识考试和实操技能考核两部分,具体考核职业道德、基础知识、构件装配、节点连接、部品安装过程中与装配式建筑施工相关的基本要求、标准规范和安全操作规程等。

2. 命题依据

(1)《装配式建筑施工员国家职业标准(2023 年版)》(职业编码：6-29-01-06)

(2)《中华人民共和国安全生产法》(主席令第八十八号)

(3)《建设工程安全生产管理条例》(国务院令第 393 号)

(4)《建筑施工起重吊装工程安全技术规范》(JGJ 276—2012)

(5)《建筑工程施工质量验收统一标准》(GB 50300—2013)

(6)《装配式混凝土结构技术规程》(JGJ 1—2014)

(7)《混凝土结构工程施工质量验收规范》(GB 50204—2015)

(8)《钢结构工程施工质量验收标准》(GB 50205—2020)

(9)《装配式混凝土结构连接点构造(楼盖结构和楼梯)》(15G310-1)

(10)《装配式混凝土结构连接点构造(剪力墙结构)》(15G310-1)

(11)《装配式混凝土建筑技术标准》(GB/T 51231—2016)

(12)《装配式钢结构建筑技术标准》(GB/T 51232—2016)

(13)《装配式钢结构住宅建筑技术标准》(JGJ/T 469—2019)

(14)《建筑施工高处作业安全技术规范》(JGJ 80—2016)

(15)《装配式混凝土结构表示方法及示例(剪力墙结构)》(15G107-1)

(16)《装配式混凝土结构连接节点构造(2015 年合订本)》(G310-1-2)

(17)《装配式混凝土建筑工程施工质量验收规范》(DBJ/T15/ 171—2019)

(18)《钢筋连接用灌浆套筒》(JG/T 398—2019)

(19)《钢筋连接用套筒灌浆料》(JG/T 408—2019)

(20)《钢筋机械连接技术规程》(JGJ 107—2016)

(21)《钢筋机械连接用套筒》(JG/T 163—2013)

(22)《钢筋套筒灌浆连接应用技术规程》(JGJ 355—2015)

(23)《钢结构高强度螺栓连接技术规程》(JGJ 82—2011)

(24)《钢结构用高强度大六角头螺栓连接副》(GB/T 1231—2024)

(25)其他相关专业基础知识等

6.3.2 评判原则

分级考核评分遵循公平、公正、全面、实用的原则,由考评员依据分级考核规则和评分标准进行评判。

1. 公平公正原则

分级考核委员会通过公布技术文件、分级考核样题,合理设计分级考核规则,建立回避、公示、申诉等制度,确保分级考核公开、公平、公正。

2. 点面兼顾原则

涵盖施工环节技能(主操要点和相互配合)、操作前准备及实操后收尾全过程的考核,全面检验施工员的实操技能、现场安全风险识别应对能力以及复杂情况处置综合能力,培养实操过硬且安全意识强的人才。

3. 虚实结合原则

分级考核紧密对接安全生产需求与风险防范要点。可利用实景化技能操作模拟场景,涵盖构件组装、施工设备操控等常见作业情形,考察施工员对基础操作流程的熟悉程度,模拟考核通过后,进入实操技能考核现场作业,突出分级考核的过程模拟与实际操作相结合。

6.3.3　考核内容

1. 理论知识考试

采用闭卷笔试方式,共 80 题,满分 100 分,考试时间为 90 分钟。包括单选题(40 题,40 分)、多选题(20 题,40 分)、判断题(20 题,20 分)。

2. 实操技能考核

总分 100 分,考核时长为 180 分钟,五级涉及的构件装配、节点连接、部品安装环节全过程技能均为考核内容。样题题目为"水平构件连接区域钢筋绑扎及混凝土浇筑"。

考 核 示 例

一、单选题(每小题 1 分，共 40 分)

1. 装配式建筑施工员的职业守则中，"守正创新，绿色低碳" 体现了( )。
   A. 忽视环境保护
   B. 追求经济效益优先
   C. 可持续发展理念
   D. 传统施工模式

2. 装配式建筑的主要特征是( )。
   A. 现场湿作业为主
   B. 工厂预制与现场装配结合
   C. 砖混结构为主
   D. 完全依赖进口材料

3. 装配式建筑施工员的主要工作任务不包括( )。
   A. 预制构件现场堆放
   B. 编制安装方案
   C. 协调现场进度
   D. 设计建筑图纸

4. 装配式建筑施工员的职业守则不包括( )。
   A. 遵规守法，爱岗敬业
   B. 执行标准，安全操作
   C. 忽视环境保护
   D. 守正创新，绿色低碳

5. 标明建筑红线、工程的总体布置及其周围的原地形情况的施工图是( )。
   A. 基础平面图
   B. 建筑立面图
   C. 总平面图
   D. 建筑剖面图

6. 预制构件存放时，叠合板的堆放层数不宜超过( )层。
   A. 3
   B. 4
   C. 5
   D. 6

7. 以下不可以直接用作吊索具的是( )。
   A. 钢丝绳
   B. 吊带
   C. 链条
   D. 缆风绳

8. 装配式建筑施工中，预制构件吊装时吊索水平夹角应不小于( )。
   A. 30°
   B. 45°
   C. 60°
   D. 90°

9. 起吊叠合板构件时，吊点位置应根据( )确定。
   A. 经验
   B. 图纸
   C. 没有要求
   D. 根据构件规格尺寸

10. 预制外墙的固定斜撑安设不得少于( )个。
    A. 1
    B. 2
    C. 3
    D. 4

11. 预制柱临时固定时，斜支撑间距不宜小于高度的( )。
    A. 1/2
    B. 1/3
    C. 2/3
    D. 3/4

12. 预制构件的临时固定通常使用( )方式。
    A. 焊接
    B. 螺栓连接
    C. 钢筋绑扎
    D. 黏合剂

13. 下列不属于预制构件安装精度要求的是( )。
    A. 平整度
    B. 垂直度
    C. 标高
    D. 温度

14. 后浇带模板拆除时强度达(　　)后可以拆除侧模。

    A. 70%   B. 75%   C. 80%   D. 85%

15. 《装配式混凝土结构技术规程》规定,预制剪力墙底部接缝宽度宜为(　　)mm。

    A. 10   B. 20   C. 30   D. 40

16. 高强度螺栓连接副包括(　　)。

    A. 螺栓、螺母、垫圈   B. 螺栓、螺母

    C. 螺栓、垫片   D. 螺栓、弹簧

17. 高强度螺栓连接副的紧固轴力应符合(　　)标准。

    A. GB/T 1231   B. GB/T 3632

    C. JGJ 1   D. GB 50204

18. 焊接符号中,"∠"符号表示(　　)。

    A. 角焊缝   B. V形焊缝   C. 点焊缝   D. 塞焊缝

19. 焊接符号中,"V"符号表示(　　)。

    A. 角焊缝   B. 点焊缝   C. V形焊缝   D. 塞焊缝

20. 装配式建筑施工中,后浇混凝土强度等级不应低于(　　)。

    A. C20   B. C25   C. C30   D. C35

21. 预制构件现场存放时,应按(　　)分类存放。

    A. 品种、规格、型号   B. 重量、颜色

    C. 生产厂家   D. 运输批次

22. 构件安装原则上以(　　)控制位置。

    A. 短边方向   B. 中心线

    C. 长边中点   D. 短边中点

23. 套筒接头一端采用灌浆方式连接,另一端采用非灌浆方式(通常采用螺纹连接)连接钢筋,这种灌浆套筒称为(　　)。

    A. 全灌浆套筒   B. 铸造灌浆套筒

    C. 机械加工灌浆套筒   D. 半灌浆套筒

24. 灌浆料储存环境温度应控制在(　　)。

    A. 0~10℃   B. 5~35℃   C. 15~40℃   D. 不限

25. 座浆料的竖向膨胀率24h的指标要求为(　　)。

    A. 0.02%~0.3%   B. 0.3%~0.5%

    C. 0.5%~1.0%   D. 无具体要求

26. 灌浆料初始流动度应不小于(　　)mm。

    A. 200   B. 260   C. 300   D. 350

27. 钢筋机械连接中,(　　)适用于大直径钢筋。

    A. 直螺纹连接   B. 套筒灌浆连接

    C. 径向挤压连接   D. 焊接连接

28. 钢筋绑扎时,相邻绑扎点的铁丝扣应呈(　　)。

    A. 同向   B. 反向

    C. 交叉   D. 任意方向

29. 预制梁的临时支撑应采用(　　　)。

　　A. 木方直接支撑　　　　　　　　　　B. 可调式独立钢支撑

　　C. 混凝土垫块　　　　　　　　　　　D. 无要求

30. 钢筋保护层厚度应采用(　　　)控制。

　　A. 垫块　　　　　　B. 焊接　　　　　　C. 绑扎　　　　　　D. 胶黏剂

31. 钢筋绑扎连接时,交叉点应采用(　　　)号铁丝。

　　A. 16~18　　　　B. 20~22　　　　C. 24~26　　　　D. 28~30

32. 座浆料未开封的有效存放时间一般不应超过(　　　)个月。

　　A. 3~6　　　　　　　　　　　　　　B. 6~9

　　C. 9~12　　　　　　　　　　　　　　D. 保存好一直可以使用

33. 在吊装竖向构件时,除吊点之外,还应额外增加一条安全绳,此安全绳的作用是
(　　　)。

　　A. 方便塔吊司机查看　　　　　　　　B. 警示作用

　　C. 安全保护　　　　　　　　　　　　D. 防风

34. 后浇连接时钢筋搭接长度不应小于(　　　)cm。

　　A. 20　　　　　　B. 25　　　　　　C. 30　　　　　　D. 40

35. 后浇筑混凝土分层浇筑时每层厚度不应小于(　　　)mm。

　　A. 400　　　　　　B. 500　　　　　　C. 600　　　　　　D. 700

36. 装配式建筑施工中,后浇混凝土应在强度达到(　　　)要求后拆除模板。

　　A. 30%　　　　　　B. 50%　　　　　　C. 75%　　　　　　D. 100%

37. 装配式建筑施工中,临时支撑的拆除条件是(　　　)。

　　A. 混凝土终凝后　　　　　　　　　　B. 灌浆料强度达标

　　C. 安装完成后立即拆除　　　　　　　D. 无具体要求

38. 集成厨卫部品"JZDY-UX8-2-90SSTA"中,"UX8"代表(　　　)。

　　A. 产品系列代号　　　　　　　　　　B. 长度尺寸

　　C. 灶眼类型　　　　　　　　　　　　D. 材质

39. 集成厨卫部品编号中,"JS-90AS"代表(　　　)。

　　A. 90cm 不锈钢集成水槽　　　　　　B. 76cm 玻璃面集成灶

　　C. 100cm 木质门橱柜　　　　　　　　D. 嵌入式蒸烤箱

40. 集成厨卫安装前,烟道改造须将排烟口从(　　　)移至底部。

　　A. 顶部　　　　　　B. 左侧　　　　　　C. 右侧　　　　　　D. 中部

二、**多选题**(每小题 2 分,共 40 分)

1. 装配式建筑施工员在职业发展中,走复合人才路线可转型为(　　　)。

　　A. 注册建造师　　B. 注册监理师　　　C. 土建施工员　　　D. 施工安全员

2. PC 构件宜采用竖直立放运输的是(　　　)。

　　A. 叠合板　　　　B. 楼梯　　　　　　C. 外墙板　　　　　　D. 内墙板

3. 预制构件存放时,应采取的措施有(　　　)。

　　A. 场地平整坚实　　　　　　　　　　B. 标识清晰

　　C. 多层叠放时垫块对齐　　　　　　　D. 直接露天存放

4. 下列属于缆风绳分类方式的有(　　)。

　A. 根据材质、结构和用途分类　　　　　B. 根据颜色分类

　C. 根据应用场景和功能分类　　　　　　D. 根据长度分类

5. 水平预制构件安装采用临时支撑时,应符合的规定是(　　)。

　A. 首层支撑架体的地基应平整坚实,宜采取硬化措施

　B. 临时支撑的间距及其与墙、柱、梁边的净距应经设计计算确定

　C. 叠合板预制底板下部支架宜选用定型独立钢支柱,竖向支撑间距应经计算确定

　D. 竖向连续支撑层数不宜少于 2 层且上下层支撑宜对准

　E. 顶层支撑数量可相应减少

6. 装配式建筑施工中,安全"三宝"包括(　　)。

　A. 安全帽　　　　　B. 防滑鞋　　　　　C. 安全网　　　　　D. 安全带

7. 安全文明施工中的"四口"包括(　　)。

　A. 楼梯口　　　　　B. 电梯口　　　　　C. 预留洞口　　　　　D. 通道口

8. 预制构件的主要连接方式有(　　)。

　A. 焊接连接　　　　　B. 螺栓连接　　　　　C. 灌浆连接　　　　　D. 铆钉连接

9. 预制剪力墙临时支撑的作用是(　　)。

　A. 调整垂直度　　　　　　　　　　　B. 加快施工进度

　C. 固定位置　　　　　　　　　　　　D. 承受施工荷载

10. 在螺栓连接作业中,以下关于螺栓的说法正确的是(　　)。

　A. 普通螺栓性能等级 8.8 级及以上为高强度螺栓

　B. 大六角头高强度螺栓头部尺寸比普通六角头螺栓大

　C. 扭剪型高强度螺栓尾部连着梅花头,以梅花头拧断表示达到预拉力值

　D. 螺栓节点连接面应平整、无焊接飞溅、无毛刺、无油污

11. 混凝土浇筑作业施工前的准备工作包括(　　)。

　A. 施工现场勘察

　B. 选择合适的浇筑设备和工具

　C. 清理施工现场

　D. 选择合适的钢模或木模

12. 灌浆料性能检验项目包括(　　)。

　A. 流动度　　　　　B. 抗压强度　　　　　C. 膨胀率　　　　　D. 凝结时间

13. 钢筋机械连接方法有(　　)。

　A. 螺纹套筒连接　　　　　　　　　B. 套筒灌浆连接

　C. 径向挤压连接　　　　　　　　　D. 焊接连接

14. 钢筋绑扎连接的操作流程包括(　　)。

　A. 测量定位　　　　　　　　　　　B. 钢筋切割

　C. 交叉点绑扎　　　　　　　　　　D. 保护层垫块设置

15. 高强度螺栓施工要点包括(　　)。

　A. 焊接固定　　　　　　　　　　　B. 扭矩扳手校准

　C. 摩擦面清洁　　　　　　　　　　D. 连接板平整度检查

16. 在钢筋绑扎连接中,下列关于钢筋网片绑扎的描述,正确的是(   )。

    A. 钢筋的交叉点应采用 20～22 号铁丝绑扎

    B. 板和墙的钢筋网,中间部分交叉点可全部扎牢,也可间隔交替扎牢

    C. 双向受力的钢筋须将所有相交点全部扎牢

    D. 绑扣的方向应保持一致,避免网片歪扭

17. 预制构件安装后的检查项目包括(   )。

    A. 轴线位置   B. 标高   C. 垂直度   D. 表面平整度

18. 集成厨卫安装前需检查(   )。

    A. 水电预留位置   B. 烟道改造

    C. 橱柜尺寸匹配   D. 部品编号

19. 集成厨卫部品保护措施包括(   )。

    A. 包装防护   B. 避免碰撞   C. 防潮处理   D. 随意堆放

20. 集成厨卫安装前需检查的内容有(   )。

    A. 水电预留位置符合设计   B. 烟道改造尺寸正确

    C. 橱柜与集成灶尺寸匹配   D. 部品编号与图纸一致

三、判断题(每小题 1 分,共 20 分)

1. 预制构件吊装时,吊索水平夹角越小越安全。   (   )

2. 灌浆施工时,环境温度低于 5℃仍可作业。   (   )

3. 装配式建筑施工中,后浇混凝土必须连续浇筑。   (   )

4. 装配式建筑施工中,临时支撑拆除后无须验收。   (   )

5. 预制柱临时支撑间距应不小于高度的 2/3。   (   )

6. 预制构件存放时,不同品种的构件可混放。   (   )

7. 装配式预制叠合梁支撑体系无论支撑高度多少,都宜采用可调式独立钢支撑体系。   (   )

8. 预制墙临时固定的七字码应安装在预制墙体顶部,主要用于调整墙体垂直度。   (   )

9. 预制楼梯安装完成后,可以不及时灌浆与封堵,楼梯安装完成后及时进行成品保护。   (   )

10. 焊接符号中,"X"表示双面焊缝。   (   )

11. 钢筋绑扎时,相邻绑扎点的铁丝扣应呈同向排列。   (   )

12. 使用吊装带时,可以直接挂在吊钩钩尖部位,但不能扭转。   (   )

13. 高强度螺栓连接副需进行扭矩测试。   (   )

14. 高强度螺栓连接副的扭矩扳手校准周期为每月一次。   (   )

15. 高强度螺栓连接副需进行预拉力测试。   (   )

16. 灌浆施工时,环境温度越高流动度越好。   (   )

17. 集成水槽编号"JS-90AS"中,"90"代表长度 90cm。   (   )

18. 预制外墙板安装时,垂直度偏差应≤8mm。   (   )

19. 集成厨卫安装时,电源应预留到设备正后方。   (   )

20. 集成厨卫安装前须提前改造烟道。   (   )

四、实操考核

（1）考核题目：水平构件连接区域钢筋绑扎及混凝土浇筑。

（2）考核内容：根据图纸要求，完成预制水平构件连接区域的模板搭拆、钢筋绑扎、钢筋连接、连接区域混凝土浇筑。

（3）考核方式：过程模拟（可选）、现场操作（必选）。

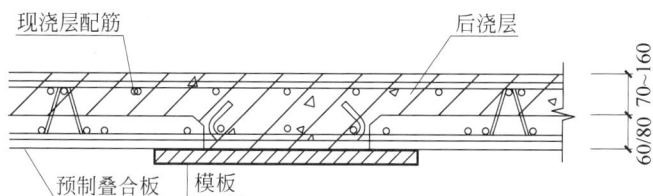

叠合楼板连接区域后浇示例

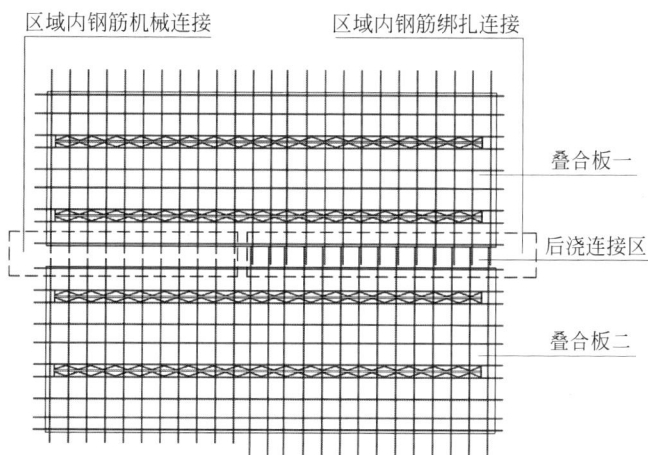

叠合板连接区域钢筋布置示意图

参 考 答 案

一、单选题

1. C；2. B；3. D；4. C；5. C；6. D；7. D；8. C；9. B；10. B；11. C；12. B；13. D；
14. B；15. B；16. A；17. B；18. A；19. C；20. C；21. A；22. B；23. D；24. B；
25. A；26. C；27. A；28. C；29. B；30. A；31. B；32. A；33. C；34. C；35. B；
36. C；37. B；38. A；39. A；40. A。

二、多选题

1. ABCD；2. BCD；3. ABC；4. AC；5. ABCD；6. ACD；7. ABCD；8. ABC；
9. ACD；10. ABCD；11. ABCD；12. ABCD；13. ABC；14. ABCD；15. BCD；
16. ABC；17. ABCD；18. ABCD；19. ABC；20. ABCD。

三、判断题

1～5　×××√×√；6～10　××××√；11～15　××√×√；16～20　×√××√。

四、实操考核

内容、评分标准。

序号	考核项	考核内容	评分标准	分值
1	施工准备（5）	佩戴安全帽	(1) 内衬圆周大小调节到头部稍有约束感为宜。 (2) 系好下颚带，下颚带应紧贴下颚，松紧以下颚有约束感，但不难受为宜。 满足以上要求可得满分，其余酌情给分	1
		劳保防护	穿戴劳保工装、防护手套： (1) 劳保工装做到"统一、整齐、整洁"，并做到"三紧"，即领口紧、袖口紧、下摆紧，严禁卷袖口、卷裤腿等现象。 (2) 必须正确佩戴手套。 满足以上要求可得满分，其余酌情给分	2
		佩戴安全带	(1) 检查安全带各部件，包括腰带、肩带、安全绳、挂钩等，确保完好无损。 (2) 正确佩戴安全带，将腰带束紧在腰部，高度保持在髋骨上方，确保腰带水平且贴合身体，不得扭曲、歪斜；肩带穿过肩部，调整至合适长度。 (3) 安全绳应高挂低用，将挂钩挂在牢固可靠的上方位置，挂钩锁扣必须完全锁住，不得虚挂、错挂。 满足以上要求可得满分，其余酌情给分	2
2	工作面处理（3）	凿毛处理	正确使用工具（铁锤、錾子），对定位线内工作面进行粗糙面处理。 满足以上要求可得满分，其余酌情给分	1
		工作面清理	正确使用工具（扫把），对工作面进行清理。 满足以上要求可得满分，其余酌情给分	2

续表

序号	考核项	考核内容	评分标准	分值
3	搭设模板（22）	粘贴防侧漏、底漏胶条	正确使用材料(胶条)沿叠合板边水平粘贴胶条,沿板顶模板位置粘贴胶条。 满足以上要求可得满分,其余酌情给分	3
		模板选型	正确使用工具(钢卷尺)和肉眼观察选择合适模板。 满足以上要求可得满分,其余酌情给分	2
		模板初固定	正确使用工具(扳手、螺栓、背楞),依次用扳手初固定。 满足以上要求可得满分,其余酌情给分	5
		模板位置检查与校正	正确使用工具(钢卷尺、橡胶锤),检查模板安装位置是否符合要求,若超出误差>1cm,则用橡胶锤进行位置调整。 满足以上要求可得满分,其余酌情给分	10
		模板终固定	正确使用工具(扳手),对螺栓进行终拧。 满足以上要求可得满分,其余酌情给分	2
4	钢筋定位绑扎（20）（受力钢筋、分布钢筋、附加钢筋）	查验钢筋	正确选出适合的连接钢筋品种、规格、数量。 满足以上要求可得满分,其余酌情给分	3
		放置垫块	正确使用材料(垫块),每间隔约500mm放置一个垫块。 满足以上要求可得满分,其余酌情给分	2
		依据图纸进行钢筋摆放(受力钢筋、分布钢筋、附加钢筋)	按照图纸进行受力钢筋、分布钢筋、附加钢筋摆放,正确使用工具(钢卷尺、长度校正工具)摆放校正。摆放时先控制一个钢筋甩出长度,其他相邻钢筋以较长工具平行模具快速校正。 满足以上要求可得满分,其余酌情给分	5
		钢筋绑扎	正确使用工具(扎钩、钢卷尺)和材料(扎丝),规范要求四边满绑,中间600mm梅花边绑扎,边调整钢筋位置。 满足以上要求可得满分,其余酌情给分	10
5	钢筋连接（25）	连接钢筋除锈	正确使用工具(钢丝刷),对生锈钢筋进行处理,若没有生锈钢筋,则说明钢筋无须除锈。 满足以上要求可得满分,其余酌情给分	5
		钢筋长度检查及校正	正确使用工具(钢卷尺、角磨机),对每个钢筋进行测量,指出不符合要求钢筋,并用角磨机切割。 满足以上要求可得满分,其余酌情给分	10
		钢筋机械连接	正确使用机械连接方法(螺纹套筒连接、径向挤压连接、轴向挤压连接、套筒挤压连接)进行钢筋连接。 满足以上要求可得满分,其余酌情给分	10

续表

序号	考核项	考核内容	评分标准	分值
6	后浇连接 （20）	洒水湿润	正确使用工具（喷壶），对工作面进行洒水湿润处理。 满足以上要求可得满分，其余酌情给分	2
		混凝土浇筑	混凝土浇筑时应采用平板振捣器或振捣棒进行振捣，要注意振捣的时间和间距，确保混凝土密实。 满足以上要求可得满分，其余酌情给分	15
		浇筑质量检验	根据要求进行浇筑质量查验，发现问题及时上报，并规范填写"后浇段连接质量检验表"。 满足以上要求可得满分，其余酌情给分	3
7	模板拆除 （5）	拆除模板	正确使用工具（扳手）依据先装后拆的原则拆除模板，确保模板完好。 满足以上要求可得满分，其余酌情给分	3
		清点归位	清点模板，并将模板放置原位。 满足以上要求可得满分，其余酌情给分	2
总分				100

参 考 文 献

[1]　人力资源社会保障部教材办公室.装配式建筑施工员(基础知识)[M].北京:中国人力资源和社会保障出版集团,2023.

[2]　罗琼,王娜.装配式建筑施工技术[M].重庆:重庆大学出版社,2023.

[3]　陈卫平.装配式混凝土结构工程施工技术与管理[M].北京:中国电力出版社,2018.

[4]　王茹.装配式建筑施工与管理[M].北京:机械工业出版社,2020.

[5]　胡兴福,陈锡宝.装配式混凝土建筑概论[M].北京:清华大学出版社,2024.

[6]　李楠,张东宁.装配式建筑施工[M].北京:化学工业出版社,2022.

[7]　张健.装配式混凝土建筑[M].北京:机械工业出版社,2020.

[8]　文畅,张永强.装配式建筑施工[M].北京:清华大学出版社,2022.

[9]　林智斌.装配式建筑工程技术与管理[M].南京:东南大学出版社,2020.

[10]　戈德华,袁念恩.装配式建筑设计与施工[M].南京:东南大学出版社,2020.

[11]　李纲.装配式建筑施工技能速成[M].北京:中国电力出版社,2017.

[12]　王翔.装配式混凝土结构建筑现场施工细节详解[M].北京:化学工业出版社,2017.

[13]　肖明和,张蓓.装配式建筑施工技术[M].北京:中国建筑工业出版社,2018.

[14]　苟胜荣,王琦,卜伟.装配式建筑施工技术[M].北京:北京理工大学出版社,2023.

[15]　白雪.建筑工程中的装配式建筑施工工艺[J].城市建设理论研究(电子版),2023(10):25-27.

[16]　刘晓霞.装配式混凝土结构的工程造价影响因素分析[J].大众标准化,2021(14):25-27.

[17]　刘美霞,卞光华,董嘉林,等.基于部品库标准化构件的装配式混凝土建筑设计优化研究[J].中国勘察设计,2020(3):94-97.

[18]　杨青清.装配式建筑的多样化设计策略研究[D].重庆:重庆大学,2021.

[19]　秦子涵.装配式混凝土住宅标准化研究[D].长春:吉林建筑大学,2023.

[20]　周凤群.EPC总承包模式下装配式建筑的成本效益分析[D].成都:西华大学,2020.

[21]　周杨.工业共生视角下建筑产业园区产业链网设计研究[D].重庆:重庆大学,2018.

[22]　唐林.钢结构装配式集成建筑西部基地项目可行性研究[D].成都:西南交通大学,2018.